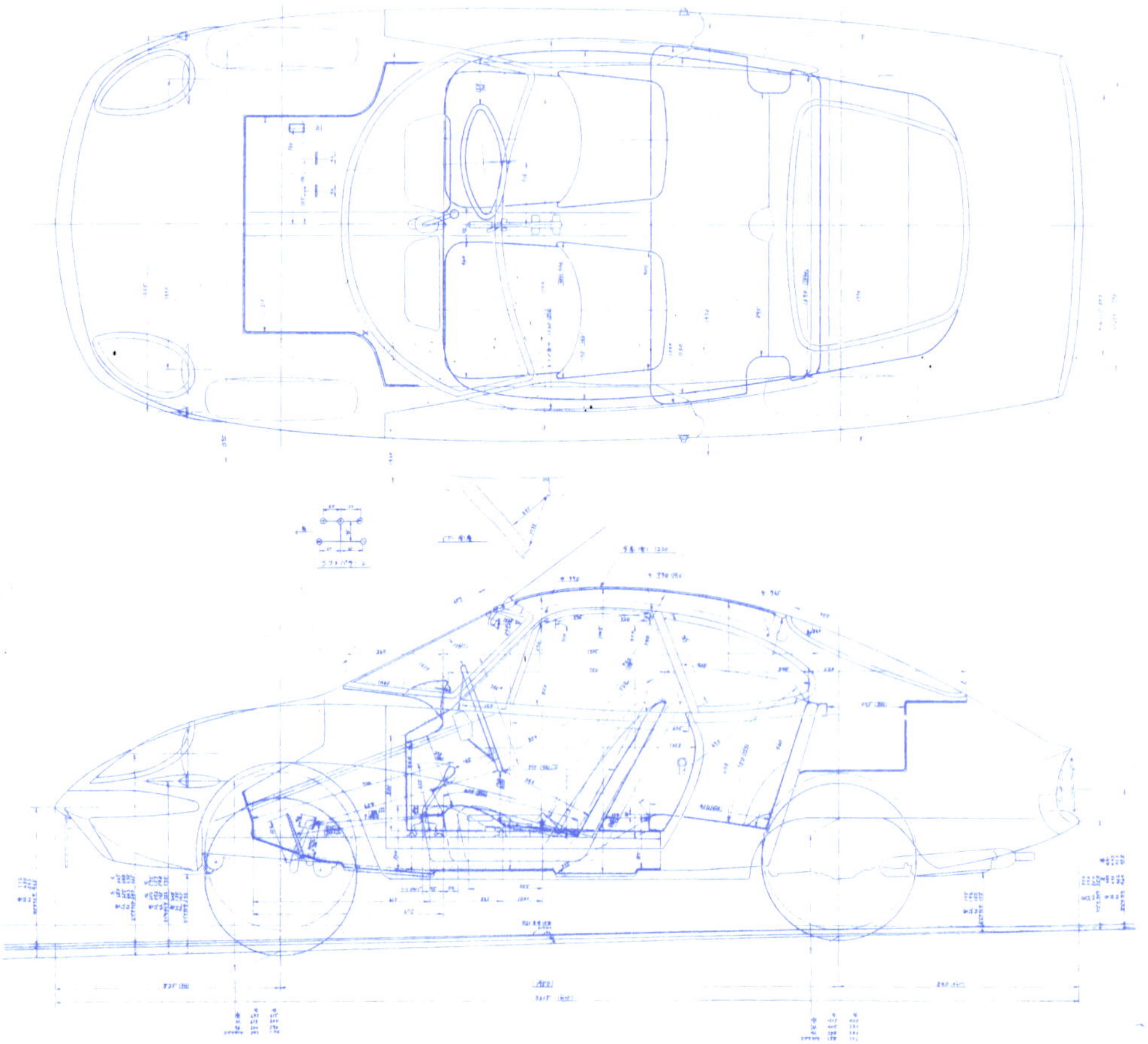

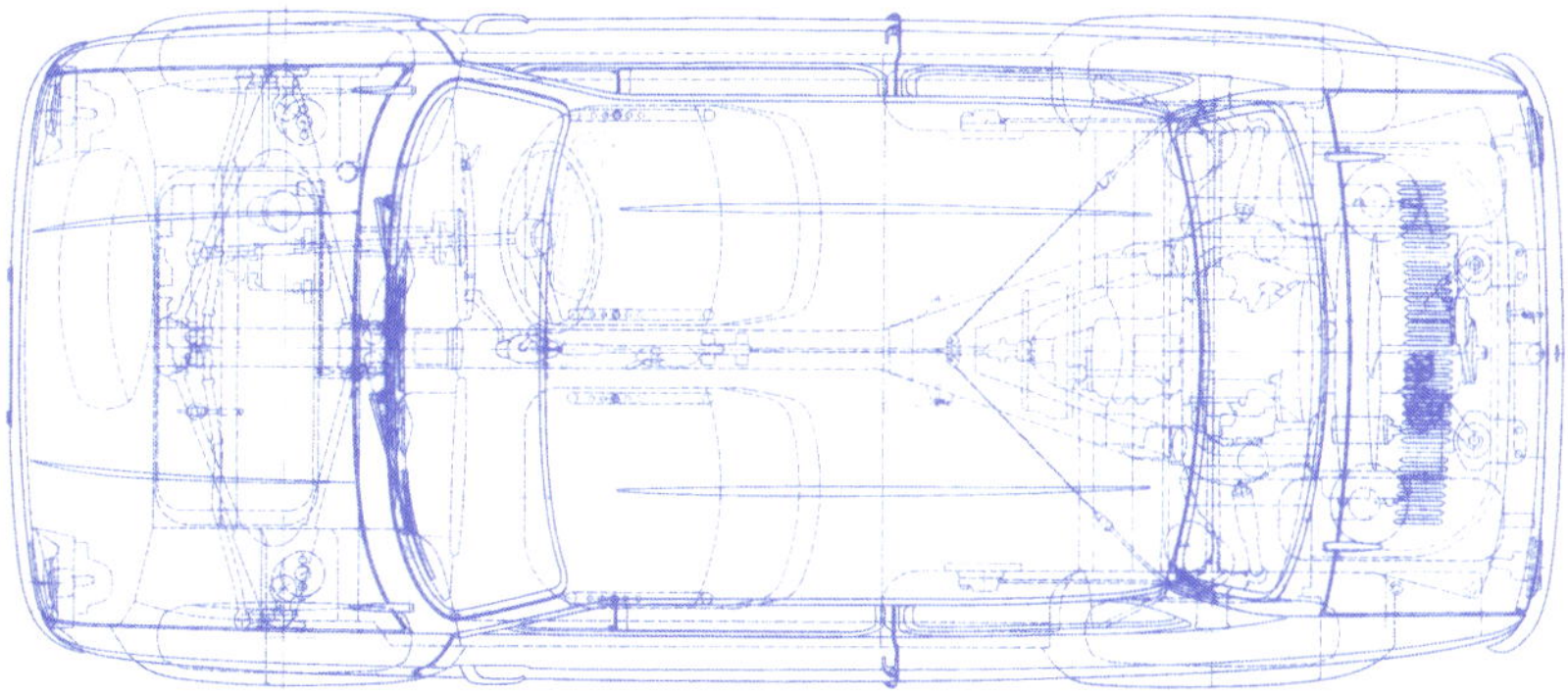

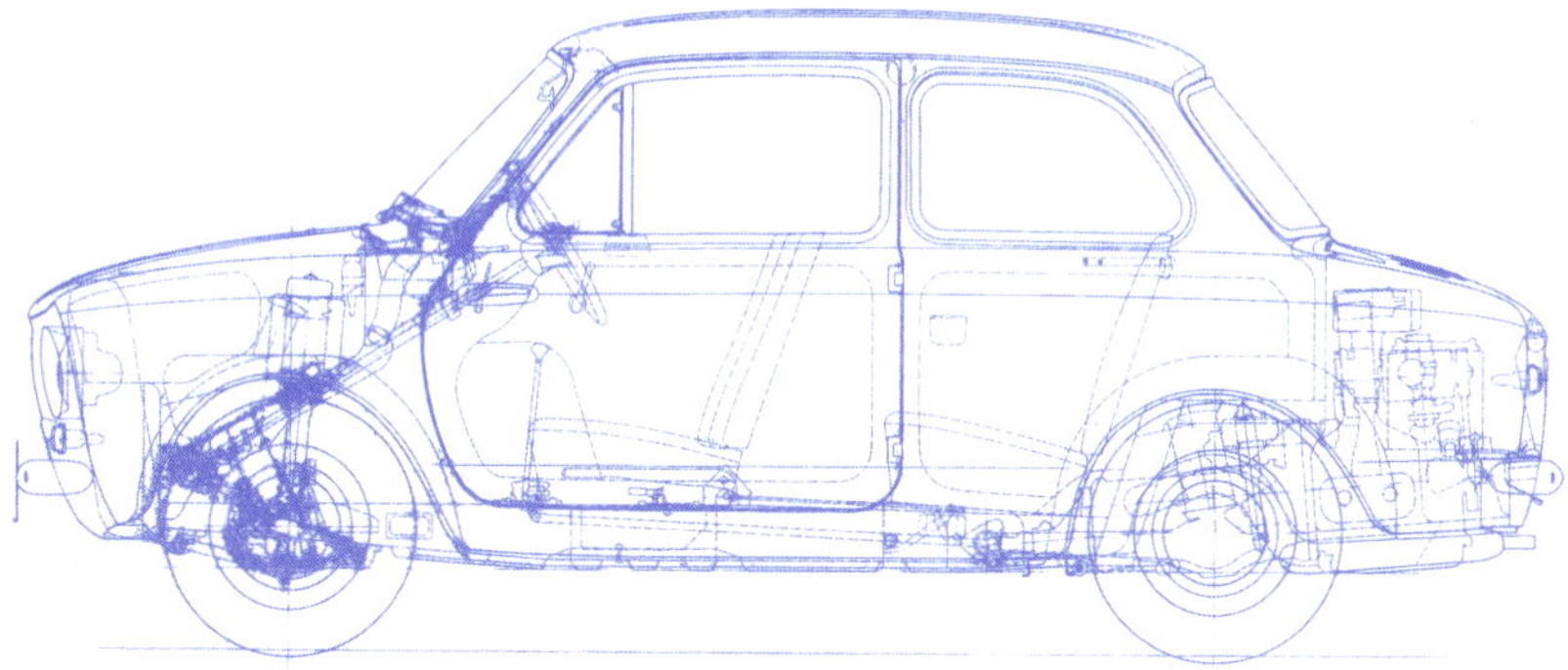

プリンスとイタリア

クルマと文化とヒトの話

板谷熊太郎著

〔プリンスとイタリア　目次〕

まえがき……6

序章　プリンスという土壌……9

プリンスのなりたち……10
プリンスに流れるふたつの血……12
立川飛行機……15
中島飛行機……17
社名の変遷……18
ふたつの血を結ぶモノ：プリンス最初のエンジン……22
電気自動車からガソリンエンジン開発まで……24
エンジンが一番……28
S20：世界初の量産DOHC4バルブエンジン……29
航空機メーカーの特徴……31
プリンスの技術者魂……32
ベンチマークとグローバルスタンダード……34
コンセプトが大切……36

電気自動車にも活かされた経験……38
プリンスの国際性――パリサロン出展……40
コンパニオン……42
サンデイディスパッチの記事……43
産経新聞の記事……44
もうひとつのクレーム……45
第二回日本グランプリ余談……46
国際標準：プロトタイプレース……48
プリンスと日産……49
合併の背景……51
ロイヤルワランティー……54
序章の結びに代えて……55

第1章　プリンスの土壌がはぐくんだヒトとモノ……65

エピソード1　スカイラインスポーツ……66
スカイラインスポーツを仕込んだ男……70
留学最初の行動……75
トリノでの活動……79
ミケロッティに決定した経緯……80

スカイラインスポーツのデザイン……86
無理のある日程……91
スカイラインスポーツの恩人……96
ギリギリの完成・スカイラインスポーツの諸元……99
スカイラインスポーツ：計画決定からトリノショー出展までの歩み……109
その後のスカイラインスポーツ……114
プリンス自動車工業スポーツ車課……118
スカイラインスポーツの果たした役割……120

第2章　プリンス自動車工業とイタリア……125

エピソード2　CPRB――小型スポーツカー構想……126
DPSK・CPSK――国民車構想による試作車……126
1960年イタリア……134
ステュディオ・チゼイにおける研修……137
中川良一さんの訪問……138
国民車ベースのスポーツカー構想……143
スカリオーネデザインによる試作車CPRB……144
イタリア人職人の日本招聘……148
CPRBの木型製作……153

イタリア人職人の来日……156
問題発生、工具が来ない……159
CPRBホワイトボディの完成……161
CPRBの顛末……164

第3章　日本人によって一台に結実したイタリアの自動車文化……167

エピソード3　プリンス1900スプリント……168
デザイン誕生まで……168
井上さんによるデザイン作業……173
イタリアのデザインプロセス……176
スカリオーネと1900スプリント……180
1900スプリントのその後……189
まとめ……193

あとがき……197

参考文献……200

〔まえがき〕

1961年7月5日14時。2年に及ぶイタリア滞在を終えたひとりの男が羽田空港に降り立った。その人物の名は井上猛。彼は、今から半世紀以上も前に初めてイタリアンデザインを纏って誕生した日本車に、深くかかわっている。

本書は、これまで語られることのなかった、イタリアのカロッツェリアと日本のプリンス自動車工業（以下プリンス）のなれそめを明らかにしようとしている。

愚者は体験に学び、賢者は歴史に学ぶ、という言葉がある。日本における自動車産業黎明期が歴史となりつつある今、当時を振り返り、先人達がどのような行動を起こしたのかを、それらが真の闇の中に埋もれてしまう前に、まとめてみようと思い立ったのが、本書を起草したそもそもの背景である。

動機についてもう少し詳しく、そしてやや大袈裟に言うならば、先人たちの体験を歴史にまで昇華できないかと考えたのである。そうすれば、必ず今を生きる人たちにも役立つのではないかと。

本書にでてくる先人たちの多くは既に鬼籍にはいっている。残された資料と貴重な証言から、黎明期ならではの一局面を、できるだけ忠実に再現してみたい。

本書は大きくふたつの章から成り立っている。序章においては、そもそもプリンスとはどのような会社だったのかをふりかえる。単に通り一遍の内容では面白くないので、少しではあるが、新たな事実も取り込むように努めた。

続く本章では、プリンスがイタリアのカロッツェリアとの関係のもとでつくりあげた3台のクルマをとりあげる。3台とは、スカイラインスポーツ、CPRB（スカリオーネデザインによるリアエンジンリア駆動の小型スポーツ）、そして1963年に発表された1900スプリント、である。

本書ではプリンスがイタリアに残した足跡を中心に、これまで公開されたことのない資料や写真を織り交ぜながら紹介していきたい。

現在でこそ日本の基幹をなす自動車産業だが、全てを失った敗戦後から、情熱と英知を傾けて邁進する先人たちの様子を、この3台を通じて見届けていただければと願う。

尚、このような企画が陽の目をみることになったのは多くの人々の協力による。イタリアに単身で留学し、スカイラインスポーツや1900スプリント実現の原動力となった故井上猛氏のご子息で、貴重な資料を長期間貸与してくださった井上一穂氏。スカイラインスポーツや1900スプリントなどの生みの親ともいうべき故中川良一氏のご子息で、貴重な写真を提供していただいた中川泰彦氏。この企画の実現まで、辛抱強く後押ししてくださった二玄社の崎山さん。こうした支援なしに本書は生まれなかった。あらためて、この場を借りてお礼を申し上げる次第である。

序章
プリンスという土壌

業界をリードする自動車メーカーといえば、今でもかろうじてドイツと日本のメーカーが思い浮かぶ。日独両国に共通しているのはどちらも第二次大戦の敗戦国、自国で航空機をつくることは許されなかった。

したがって両国の優秀なエンジニアたちが情熱を傾けたのが自動車。日独の自動車産業隆盛の背景には、このような事情が隠されている。

序章では、航空機メーカーを祖とするプリンスの、日本自動車産業の黎明期における立ち位置を確認しておこう。

プリンスが自動車メーカーとして活動したのは、第二次大戦後から1966年(昭和41年)に日産に吸収合併されるまでの比較的短い期間である。しかしながら、その活動が後の日本自動車業界へ与えた影響には少なからぬものがある。

《プリンスのなりたち》

最初にプリンスという会社について、その概要をふりかえる。

プリンスは発足当初からユニークだった。最初に商品化したガソリン車は

1500ccという、当時の国産乗用車中最大の排気量のもので、その後もいわゆる大衆車や国民車の類はつくったことがない。

しかもまだ戦後の復興期にあって、トラックだけでなく、トラックとほぼ同時に乗用車を手掛けているところにプリンスの特徴が凝縮されている。そもそも、プリンスという社名そのものが、気高く誇り高い社風を物語っている。

この1500ccの乗用車「プリンスセダン」が世に出たのは、トヨタが最初のクラウンを発売

プリンスが最初に手掛けたガソリン車、プリンスセダン。排気量は当時国産車最大の1500cc。皇太子殿下（今上天皇）も自ら運転され、以後プリンス車を8台乗り継がれている。

する2年も前のことである。プリンスセダンこそ、国産車として戦後初のハイオーナーカーといえるだろう。その後もプリンスが世に出した日本初は枚挙に暇がない。主なものだけをとりあげても、6気筒エンジン、無給油シャシ、プロトタイプによるレース参戦、そして国産の天皇御料車など、プリンスの残した足跡は大きい。

これらの断片的な事象からだけでも、プリンスの社内にチャレンジスピリッツが満ち満ちていたことをうかがい知ることができる。

こうしたプリンスに息づく進取の気象に富んだ社風は、プリンスのＤＮＡともいえるだろう。次項では、そのＤＮＡがどのように形成されていったのかを検証する。

《プリンスに流れるふたつの血》

プリンスにはおおきくふたつの血が流れている。

ひとつは第二次大戦前の立川飛行機で、もうひとつが同じく中島飛行機。ともにその名称からもわかるように航空機のメーカーである。

1937／8年頃につくられたオオタOD型乗用車の絵ハガキ。「絵」の漢字が旧字で、裏には絵はがきの文字が右から書かれている。ここにあるフェートン、ロードスター、デラックス・セダン（上から）の他に当時のオオタはスタンダード・セダン、カブリオレの計5種類ものボディをつくっていた。尚、絵ハガキの写真は全く同じものがカタログにも使われている。

第二次大戦後、日本も他の敗戦国同様に航空機をつくることは許されなかった。そのため、日本の航空機メーカーは各社、事業の転進先を模索する。

まず、立川飛行機だが、そもそもは機体メーカーである。中島飛行機との関係が深く、エンジンはそのほとんどを中島飛行機に依存していた。

また、戦時中は傘下にオオタ自動車の名で知られる高速機関工業を収めている。戦前、多摩川で行なわれたレースで当時の日産を打ち破ったオオタも、戦時下では独立を保つことができず立川飛行機傘下に身を寄せていた。

この立川飛行機の残党が戦後に手掛けたのが電気自動車。立川飛行機はオオタを擁していたことで、自動車の車体についてオオタの教えを請うことができた。電気自動車であれば、エンジンのノウハウがなくとも、バッテリーとモーターを外注すればなんとかつくることができる。世情としてもガソリンが不足し、まだ経済活動も回復しきっていないことから電力には余裕があった。これらの背景に後押しされるかたちで、元来が機体屋だった立川飛行機は戦後いち早く電気自動車の製造に乗り出すのである。

その当時の社名は東京電気自動車。その後、商品名である「たま」に倣って社名をたま電気自動車と改称している。

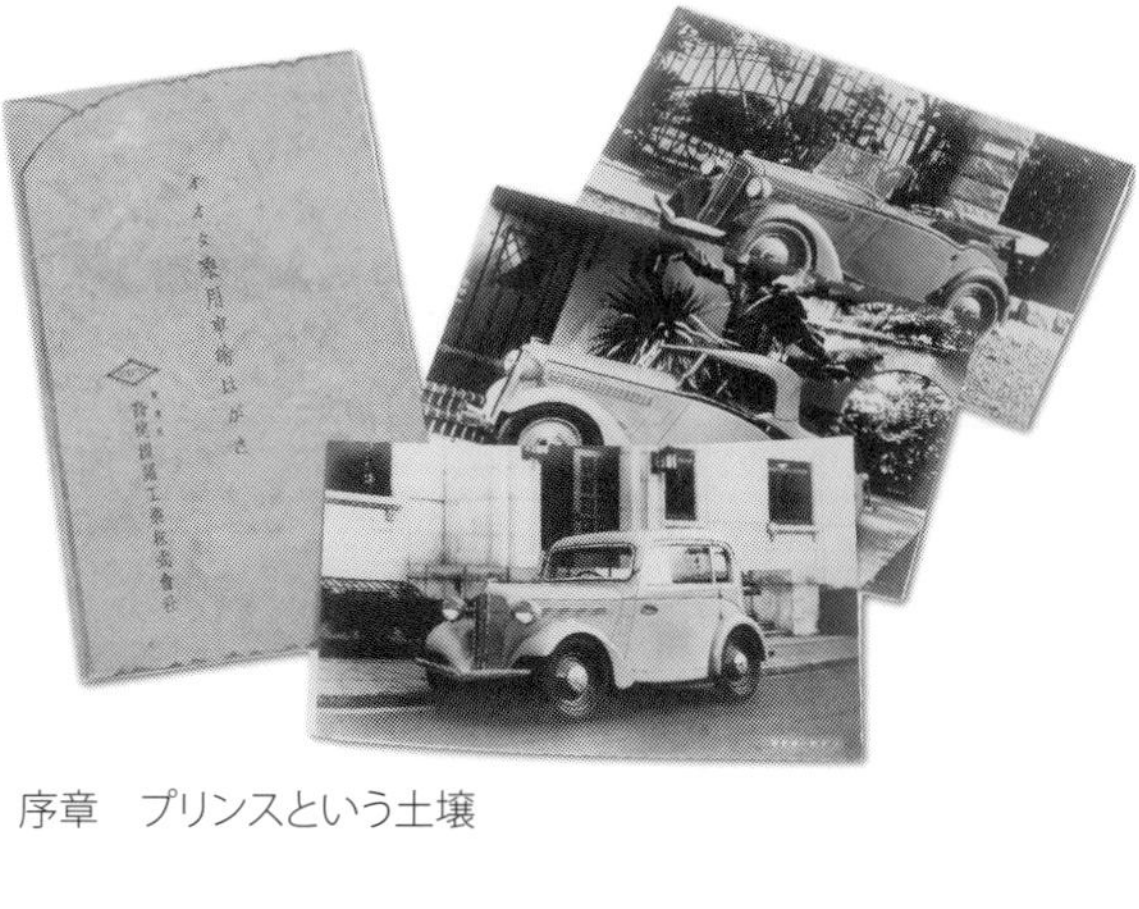

ところが、電気自動車の製造が軌道に乗りはじめた頃、朝鮮戦争が勃発、バッテリーに不可欠な鉛が暴騰してしまう。すると即刻電気自動車に見切りをつけ、ガソリンエンジンによる自動車の生産を志すことになる。

しかしながら、先にも書いたように、そもそも立川にはガソリンエンジンのノウハウがない。そこで頼ったのが戦時中、航空機エンジンの供給を受けていた中島飛行機。中島飛行機は第二次大戦中、零戦のエンジンとして有名な「栄（さかえ）」を手がけたことでも有名な会社である。戦後は、中島飛行機もまた航空機製造から手を引き、富士産業や富士自動車工業などいくつかに分社化されていた。そのうちのひとつが富士精密工業（以下富士精密）だった。立川を前身とする後のプリンスがまず頼ったのが、この富士精密である。ただしこの時点では、両社が将来合併することになるとは誰も考えていなかったことだろう。

中島飛行機は、スバル３６０の設計者である故百瀬晋六氏

やホンダＦ１を手がけた故中村良夫氏といった自動車業界にとって綺羅星のような人材を輩出しているが、百瀬氏も中村氏も、中島飛行機時代は中川良一主任技師の下でエンジン開発を行なっていたエンジニアである。「栄」や「誉（ほまれ）」エンジンの主任技師（開発責任者）として歴史に名を残す中川良一氏であるが、その、中川氏を擁していたのが富士精密なのである。

プリンス時代の中川良一さん。背景のクルマに時代が感じられる。

《立川飛行機》

ここで、立川飛行機について簡単におさらいをしておこう。

立川飛行機の創業は１９２４年（大正13年）11月。関東大震災後、石川島造船所の再建のため設立された石川島飛行機製作所を祖としている。

尚、この石川島飛行機製作所に続いて設立されたのが石川島自動車製作所。後のいすゞ自動車である。第一次大戦後、船に対する需要が減り、これからは航空機と自動車の時代になると考えた石川島は、両分野へ乗り出したというわけだ。

石川島飛行機製作所は１９２６年に東京府下立川に約２万坪の工業用地を取

得、陸軍向けの偵察機、および練習機の設計・生産を始めている。

石川島飛行機製作所がその立地にちなんで立川飛行機と改名するのは１９３６年11月のことである。１９４５年の終戦時までに生産した航空機は約１万機、その内訳は、練習機：約５５００機、偵察機：約１１００機、戦闘機：約２７００機、そして爆撃機が約７００機であった。

終戦時における立川飛行機の概要は、主力工場が立川のほかに、岡山、甲府（山梨）にあり、従業員数も4万2千名を数えた。

立川飛行機におけるハイライトのひとつが長距離連絡機「キ77」。これは２機が完成し、１号機は１９４４年に満州にて三角飛行により、１６、４３５㎞の無着陸長距離飛行の世界記録を樹立している。

この「キ77」と同時進行的に開発されていたのが与圧式キャビンを備えた長距離爆撃機「キ74」だった。終戦までに8機がつくられた「キ74」だが、その試作工場長が外山保氏で、後のプリンスへと繋がる自動車事業転進の中心人物である。したがって、プリンスでは「キ74」に関係した多くのメンバーが技術陣の中核をなしている。

立川飛行機では戦後処理の一環として、工場に残った航空機の米軍への移管作業を行なうことになる、その責任者が外山氏であった。結局外山氏を含め、移管作業にあたった人たちが立川飛行機に最後まで残り、その人たちによって電気自動車がつくられるのである。

《中島飛行機》

プリンス源流のもう一社は中島飛行機。こちらの創業は1917年（大正6年）12月、海軍退役大尉の中島知久平氏が群馬県新田郡太田町に中島飛行機製作所を開くところから始まる。主な活動としては、陸軍向け戦闘機の「キ43（隼）」「キ44（鍾馗）」「キ84（疾風）」や海軍向けの戦闘機「月光」、爆撃機「銀河」、航空機エンジンとして名高い「栄」「誉」などの開発・生産、そして「零戦」のライセンス生産などがあげられる。

企業規模も大きく、主力工場である荻窪（東京）と太田（群馬）の他にも半田、宇都宮、大宮、浜松、多摩、三島等に製作所を置き、従業員も26万名を数えたという。

日本では三菱重工業（初代）と並び双璧といわれた中島飛行機について、今

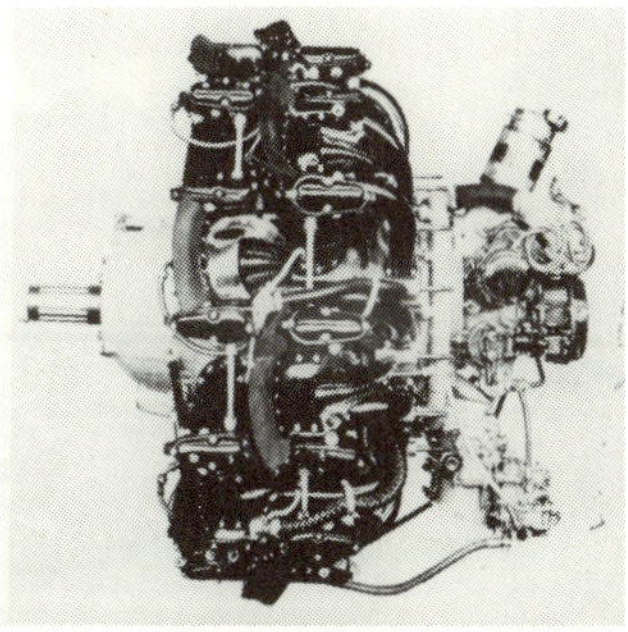

栄エンジン。改良が行なわれると型番は11、12、21、と変化していく。このような型番変更は後のプリンスや現在の日産自動車の車両でも用いられている。

更多くの説明は必要ないだろう。

この巨大企業である中島飛行機が戦後解体され、そのうちのひとつが、漁船用エンジンやミシン、そして映写機までを扱う富士精密となる。中島飛行機を母体とした自動車メーカーとしては富士自動車工業があるので、もし立川飛行機の流れを汲むたま電気自動車から自動車用ガソリンエンジンの開発依頼がなければ、富士精密自身が自動車分野に進出することはなかったかもしれない。

《社名の変遷》

ここで、プリンスに至るまでの道筋を社名の変遷とともに簡単にみておこう。

立川飛行機は、自動車で生業をたてる決意のもと、１９４６年（昭和21年）11月に最初の電気自動車の試作車２台を完成させている。（ＥＯＴ―46）これは、オオタのトラックフレームの隙間にバッテリーをつめこんだ試作車で、立川飛行機はこのクルマで電気自動車の基礎を学んだ。

翌１９４７年４月には、オオタのフレームをベースに、カセット式のバッテリーボックスを左右から引き出せるように工夫した電気自動車のトラック１号

オオタのカタログ（左上）。１９３７／８年頃のオオタのカタログの一部。絵ハガキのところでもふれたように当時のオオタＯＤ型乗用車には5車型が存在した。同じように見える右上のデラックス・セダンと中央のスタンダード・セダンだが、細部は異なっている。

たま号Ｅ４Ｓ―47（左下）。最高速度35㎞／ｈ。一充電当たりの航続距離は65㎞（カタログ値）、商工省の性能試験ではカタログ値を上回る96・3㎞もの航続距離を記録した。電池はカセット式でフロアの両脇から引き出して交換できるよう工夫されていた。

車（EOT－47）、続く5月には乗用車たま号（E4S－47）を完成、6月に『株式会社東京電気自動車』を設立する。

1949年4月になるとブリヂストン創業者の石橋正二郎氏が東京電気自動車の経営に参画し、同年11月に商品名「たま」にちなんで、『たま電気自動車』と社名変更している。

一方の中島飛行機は1950年7月に『富士精密工業』を発足させ、11月8日にはたま電気自動車から自動車用エンジンの設計・試作を依頼されている。富士精密ではこの最初の打ち合わせが行なわれた翌月からガソリンエンジンの設計・試作を開

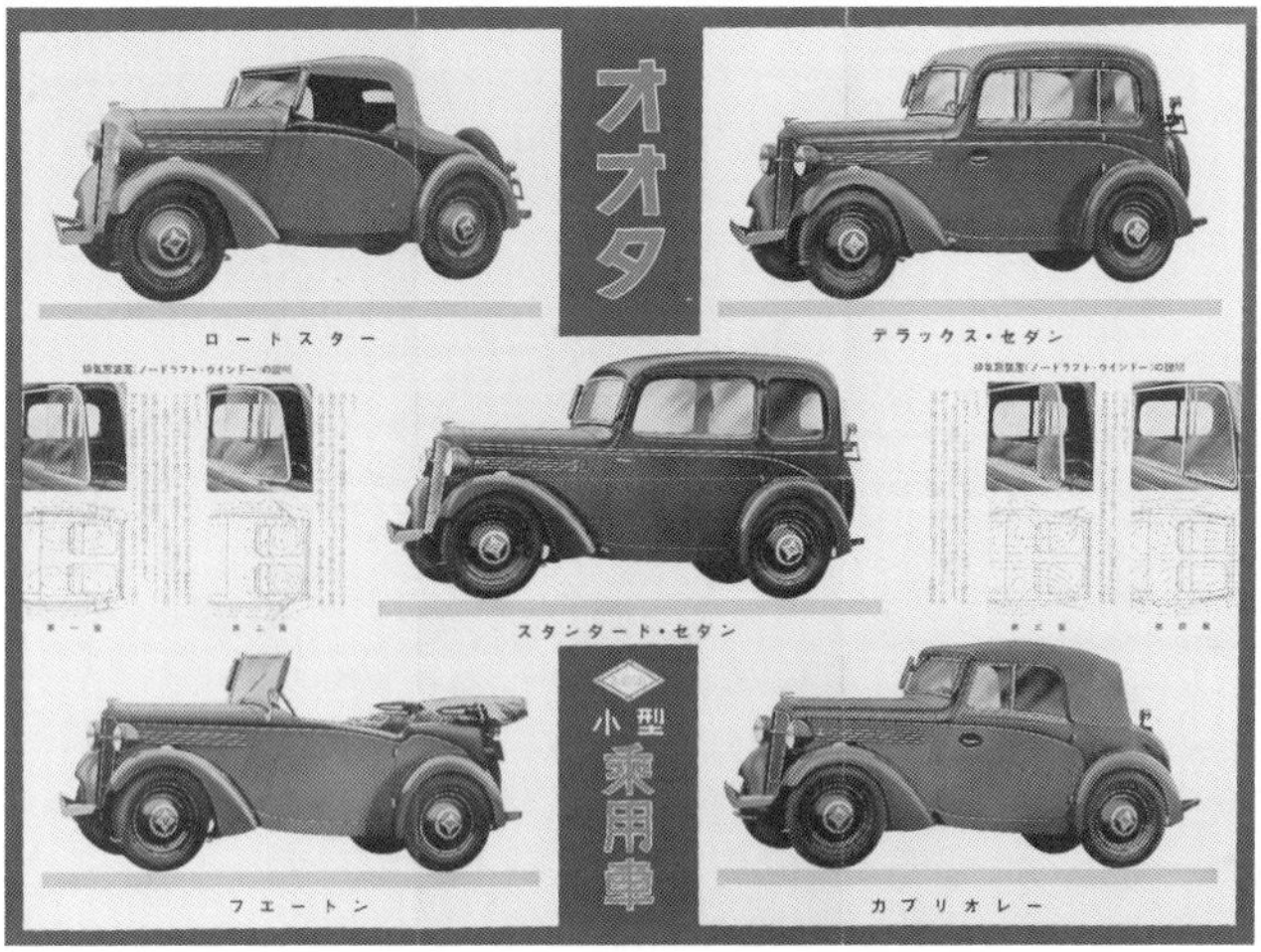

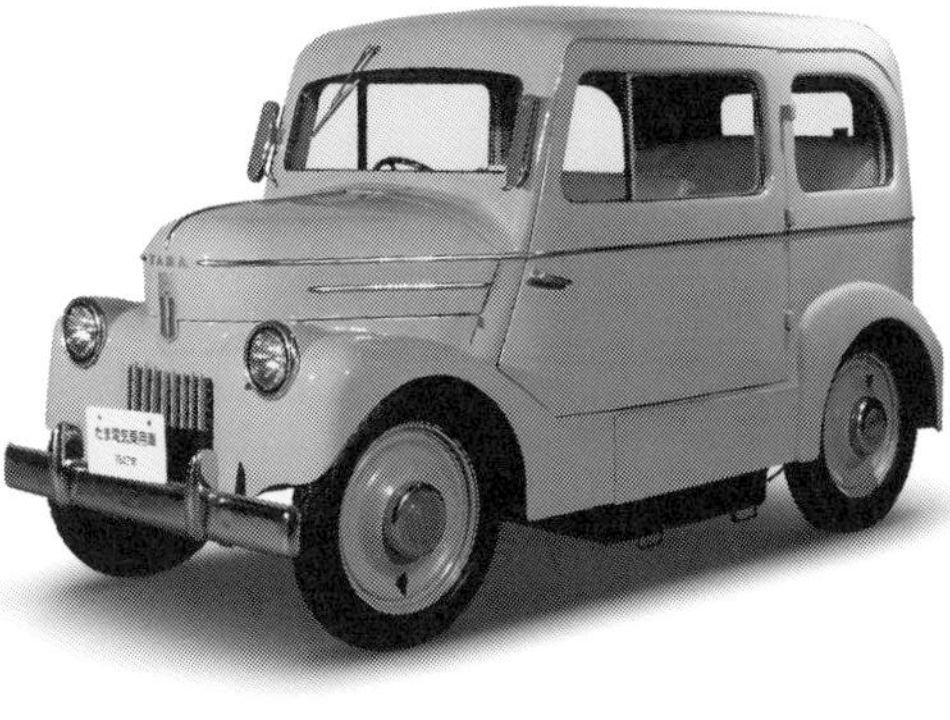

始、初号機が完成するのは1951年10月のことである。

このような動きから、石橋正二郎氏はガソリンエンジンの初号機が完成するのを待たず、1951年の4月には早くも富士精密工業の経営権を取得。これは、ガソリンエンジンがクルマづくりに不可欠と考えてのことだろう。

たま電気自動車は1951年6月には電気自動車の生産を打ち切り、11月には社名も「たま電気自動車」から電気の二文字を抜いた『たま自動車』に変更している。

翌1952年2月に、晴れてガソリンエンジンによる初の本格的自動車がオフライン、3月にはプリンスセダン（AISH）、プリンストラック（AFTF）が相次いで発表されている。そして1952年11月、いよいよ社名を「たま自動車」から、商品名のプリンスに因んで『プリンス自動車工業』に改称するのである。

参考までに同時期の業界状況を記すと、1952年7月に日野がルノー4CVの製造契約を交わし、同年12月には日産がオースチンと製造契約を結んでいる。1953年1月にはいすゞがヒルマンの製造契約を締結し、日産がオースチンA40の1号車をオフラインさせるのが1953年4月。トヨタがクラウンを発売するのは1955年1月のことである。

いかにプリンスの動きが早かったか、これらの状況からも明らかだろう。

プリンスに話を戻すと、石橋正二郎氏の意向によって中島飛行機を源流とする富士精密とプリンス自動車工業が合併するのは1954年のことである。この合併における継続会社は富士精密工業であり、一旦、自動車メーカーとしてのプリンスの名は社会から消えることとなる。

『プリンス自動車工業』の名が復活するのは、1961年（昭和36年）2月まで待たなくてはならない。

こうした変遷から見えてくるのは、プリンスの源流として大きなものは立川飛行機だということである。少なくとも、最初に自動車を手掛け、また「プリンス」という商品を開発し、プリンスを社名として名乗ったのは、立川の流れであった。

蛇足ながら、一連の社名変更は、商品名である、「たま」や「プリンス」に社名を追随させているのが特徴。商品の名前に合わせて社名を変更するのは、パナソニックの例を持ち出すまでもなく、現代において珍しいことではない。

しかしながら、今から50年以上も前にこのような経営判断を行なっていたのは、何事にも先んずるプリンスらしいエピソードと言えるだろう。

こうして長々とプリンスの生い立ちをおさらいしたのは、自動車メーカーとしての資質を語る上で、出自は無視できないからである。プリンスの社風を理解する上で、前身が航空機メーカーであることは大きな意味を持っている。

なお本書では、たま自動車と富士精密が合併した以降の社名を、本来富士精密とすべき箇所でもわかりやすさを優先し、全てプリンスと記している。

《ふたつの血を結ぶモノ：プリンス最初のエンジン》

プリンス（当時はたま自動車）初となるガソリンエンジンは、中島飛行機の流れをくむ当時の富士精密にエンジンの設計・試作を依頼するところから始まっている。後に合併することになる2社（たま自動車と富士精密）だが、戦後、最初の結びつきは、このガソリンエンジンがもたらしたものである。

そのガソリンエンジンとは、当時の小型車枠いっぱいの１５００cc。その頃国産車といえば、トヨタが９９５cc（27馬力）、オオタが７２０cc（20馬力）、日産が７２２ccから８６０ccという小さな排気量のものしか存在しなかった。

後発メーカーとして、他社と同じようなことをしていたのでは勝負にならないと考え、いきなり1500ccのエンジンで市場に切り込もうと目論んだのである。

このエンジン開発に際し、石橋家は参考のためにと家にあったプジョー202を供出している。したがって、プリンス最初となる1500ccエンジンはプジョーのエンジンをほぼフルコピーして設計開発が行なわれた。

余談ながら、設計作業にあたり富士精密の役員だった新山春雄氏は、コピーするなら徹底的にコピーしろ、と厳命したとのこと。見落としがちなディテールにも、必ず先人の知恵が込められている。よって、むやみな工夫などせず、まずは全てを踏襲するところから始めろ、と指示したそうである。

ところがこの危惧は現実となり、FG4Aと名付けられることになる1500ccエンジンで、後に顕在化する弱点は、はたしてプジョーエンジンをコピーできなかった部位であった。それはカムの駆動部分、すなわちプジョーの採用するサイレントチェーンがどうしても踏襲できなかったことに起因する。そのためFG4Aではやむなくカムをギア駆動とし、しかも静粛性のためにそのギアを樹脂製にしてしまったのである。この樹脂製のギアがFG4Aエンジンの弱点となり、後にギアを鋳物に変更せざるを得なかった。

ちなみにエンジン型式のFG4Aとは、Fが富士精密のF、Gはガソリンエンジン、4は気筒数、そしてAは、その最初の型であることを示している。更に詳しくタイプ名をみてみると、初期型がFG4A－11型、次いでFG4A－21型と呼ばれている。航空機のファンならばピンとくるだろう。富士精密工業の母体となっている中島飛行機が生んだ名機、「栄」や「誉」のエンジン型式と同様のタイプ表示となっている。「栄」は12型、21型などが知られているし、「誉」では11型や21型といったタイプ名で細かな差異がわかる仕組みになっている。

この二桁の数字でモデルチェンジを示す方法はかなり使い勝手が良かったらしく、アルファベットと組み合わされてクルマそのものにも適用されるようになる。S54などの呼称はクルマ好きであれば、一度は耳にしたことがあるだろう。また、ある時期からは日産でも踏襲され、今日に至っている。

《電気自動車からガソリンエンジン開発まで》

FG4Aの開発を富士精密に依頼した経緯も面白い。

前述のような背景からいきなりガソリンエンジンの開発を依頼された富士精

富士精密の製品総合カタログから。1952年当時、富士精密が扱っていた製品が網羅されている。エンジンの他にはリズムミシン、2.5馬力から10馬力までの小型ディーゼルエンジン、自転車用の38・5ccと50ccのエンジン、そして映写機などがラインナップされている。FG4Aのページには、プリンス以外にも顧客を広げたい富士精密の意欲がよく現れている。

1500cc 45HP

ガソリンエンジン
自動車用・産業車輌用

FG4A 11A型

四大特長

1. ライナーが特殊鋳鉄製ウエットライナーです。
2. クランクシャフトがシリンダー中心線に対してオフセットしてあります。
3. ピストンのスカートにオイルコントロールリングを備えています。
4. オーバーヘッドバルブ構造を採用しています。

此のエンジンは本邦最初の小型自動車規格最大の1500 c.c. 45HPエンジンでありまして強力・経済・堅牢・静粛なエンジンとして自動車のみならず、広く各種動力用として最適のものであります。現在プリンス号自動車のエンジンとして、乗用・貨物用に使用せられ従来のエンジンに比し、数歩前進したエンジンとして御好評をいただいて居ります。

今般更に産業車輌用エンジンとしてＦＧ４Ａ13型（フォークリフト用）ＦＧ４Ａ12型、14型（消防ポンプ用）を製造致し皆様の御要望に答えました。消防用は最近国家消防庁の規格試験を優秀なる成績を以て終了し、続々各社より御採用の栄に浴して居ります。

自動車用に

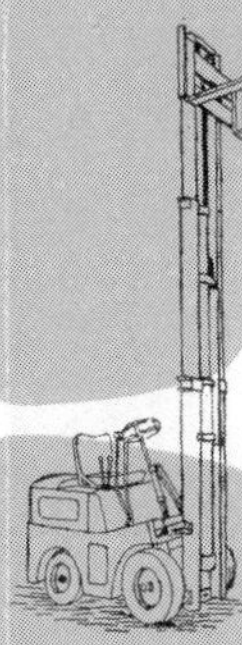

フォークリフトに

消防自動車に

手挽消防車に

要目表

機関	
型式番号	ＦＧ４Ａ
種類	ガソリン機関
冷却方法	水冷強制循環式
シリンダー数及び配列	直列 4 気筒
サイクル	4
弁機構	頭上弁式
内径×行程	75 × 84 mm
総排気量	1484 c.c.
圧縮比	6.5
最高出力	45HP／4000 r.p.m
最小燃料消費率	240gr／HP／Hr (2500r.p.m)
機関寸法	長×巾×高さ 700×503×738
整備重量	240 kg クラッチ、ミッションを含む

変速機	
A11型	選擇摺動歯車式 前進4 後退1
A21型	セカンド、サード、トップ常時噛合シンクロメッシュ式

FG4A	11A型・11B型	自動車及び一般動力用
	12型	消防自動車及び一般動力用
	13型	フォークリフト用
	14A型・14B型	手挽消防ポンプ及び一般動力用

1500 cc 45HP ガソリンエンジン

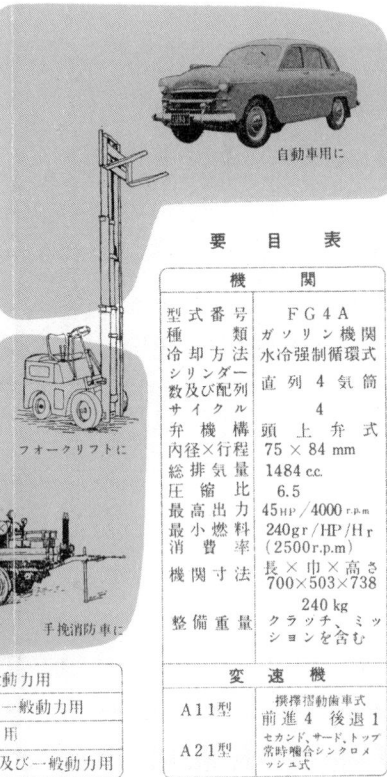

密だが、その頃の同社に開発資金はなかった。

一方のたま電気自動車では、思わぬ臨時収入を得ていた。

まずは、たま電気自動車が電気自動車に見切りをつけてガソリンエンジンによるクルマづくりを目指すところまでを少し詳しくまとめてみよう。

電気自動車にとって転機となるのは朝鮮戦争の勃発である。

たま電気自動車では、1947年（昭和22年）5月の生産開始から1951年6月の生産終了までの間に1099台の電気自動車を生産している。電気自動車からガソリンエンジンによる自動車への転身を決心させたのは、1950年6月に勃発した朝鮮動乱。これにより、1949年にはトンあたり5万円だった鉛の価格が高騰し、1950年にはトンあたり45万円と9倍にも跳ね上がった。

たま電気自動車のつくるクルマは乗用車で35万円。生産能力が限られていたことと性能の高さゆえの人気から、プレミアが付いて45万円で取引されたこともあるたま電気自動車だが、鉛の高騰により、台あたりのバッテリーのコストだけで40～50万円にもなってしまった。これでは全く商売として成り立たない。

一方、この朝鮮戦争特需は思わぬ収入をたま自動車にもたらすことになる。

それは、ナパーム弾の躯体製造。当時、日本のメーカー各社はどこもこのような内職で急場を凌いでいた。

鉛の高騰により電気自動車では算が立たない、GHQの占領政策の変更から市場にガソリンが出回り始め、手許には朝鮮戦争特需に伴う内職で得た資金もある。このような状況から、たま電気自動車は富士精密に対してガソリンエンジンの開発を依頼するのである。

新たなガソリンエンジンの設計・試作を行なうのはあくまで富士精密なのだが、その資金を提供したのはたま電気自動車。このように最初のガソリンエンジン：FG4Aは、資本的には全く関係のなかった2社に、後に続く互恵関係を築くきっかけにもなっている。

余談ながら、FG4Aエンジンの完成後、富士精密は兄弟会社ともいえる富士自動車工業にそのエンジンを売り込みに行く。このFG4Aエンジンをあてにして開発されたのがP1といわれる1500ccの乗用車。ところがこの動きはたま自動車の知るところとなり、たまが出資した資金で開発したエンジンを他社に売り込むとは何事か、と物言いがついて富士自動車工業のP1プロジェクトは頓挫することになる。

富士精密からのエンジンの売り込みをきっかけに富士自動車工業（当時）が1952年10月に開発着手したP1。

プリンスにとって最初のエンジンはこのFG4A。ここに紹介するのは、そのFG4Aのミニチュアモデルで、つくりからして当時のモデル。プレートには52馬力とあるので改良型である。モデル製作はテニスラケットでもおなじみのフタバヤ。当時はウッドステアリングなどもてがけていた。おそらくは、本格的エンジンの完成にちなんで富士精密がつくらせたものだろう。
このモデルの存在は、プリンスが、その黎明期から、いかにエンジンを大切にしてきたかを如実に物語っている。（外山家蔵）

《エンジンが一番》

ＦＧ４Ａの話のついでに、プリンスのエンジンに対する思い入れの深さについてもすこしだけふれておこう。

まず、初代スカイラインなど、最初期のプリンス車の型式を思い出していただきたい。たとえば、初代スカイラインはＡＬＳＩ。頭にある「Ａ」はＦＧ４ＡのＡであり、エンジン型式が車両型式の最初にきていることがわかる。

参考まで、続く「Ｌ」はシャシ変番を示している。その次の「S」はボディタイプでこの場合はセダン。「I」はボディ変番である。

また、プリンスの組織図をみると、設計1課がエンジンの担当、続く2課がボディ、3課が艤装、4課がシャシという具合に、やはりエンジンが一番なのである。

そんなプリンスであれば、最初のエンジンであるFG4Aのミニチュアモデルが存在することに不思議はないだろう。

《S20：世界初の量産DOHC4バルブエンジン》

いささか蛇足ながら、1969年(昭和44年)の初代スカイラインGT-R(PGC10)に搭載されたS20エンジンは世界初の量産DOHC4バルブエンジンである。同エンジンが国産初のプロトタイプレーサーR380用のレーシングエンジンGR8を祖として開発されたのは周知の通り。S20エンジンは航空機用の栄や誉、さらに自動車用のFG4AからGR8を経たプリンスの血を色濃く継承している。

どのような分野でも、後々の標準になるようなモノを最初につくりだすのは大変なことである。今日ではガソリンエンジンの定番となっているＤＯＨＣ４バルブ機構を、量産車として世界で最初に採用した事実は特筆に価する。世の中に奇をてらっただけの世界初は珍しくないが、こうした、まさに正統な世界初を実現しているところが、いかにもプリンスらしい。

Ｓ20に関し、わたしには忘れられない思い出がある。Ｓ20の発売から大分後になるが、日産とルノーのアライアンスにより、早速ルノーから商品企画部門のトップが日産を訪れた。

彼は日本に着くなり日産が過去に生産したクルマを見たいと所望し、急遽、日産が過去に生産したクルマを収蔵している倉庫へ連れて行くことになった。古いクルマに詳しいということから、わたしがその案内を命じられた。

倉庫に着くなり、開口一番、Ｓ20エンジンを搭載したクルマが見たいという。早速ＫＰＧＣ10（愛のスカイラインの２ドアＧＴ−Ｒ）の所へ案内すると、今度はエンジンを見せろ、と。ほとんどＳ20エンジン以外には興味を持っていないようだった。

フッドを開けると、これが世界初の４バルブエンジンだ、などと一緒に来たルノーのスタッフに説明している。そこですかさず、４バルブエンジンという

だけならば、ＳＯＨＣ４バルブのトライアンフ・ドロマイトがスカイラインよりも先だろう。Ｓ20は量産車用のＤＯＨＣ４バルブエンジンとしては世界初だと思う、と補足しておいた。後に、その時案内したルノー商品企画部門のトップは、エンジン開発部門の出身であることが判明した。

《航空機メーカーの特徴》

ＢＭＷやメルセデスベンツが航空機にかかわっていたことは良く知られている。第二次大戦後に航空機をつくることができなくなった背景も日本と同様である。ＢＭＷといえばフォッケウルフ、メルセデスベンツではメッサーシュミット、といった戦闘機を思い浮べることができるだろう。

航空機、とりわけ戦闘機に関わったことのあるメーカーには進取の気象に富むものが多い。勝つか負けるかの真剣勝負において、他人と同じことをしていたのでは勝ち残れない。まして、生産性向上のために本来の設計を変更しました、などということは許されない。勝つための設計と、その設計通りにモノをつくりあげることが何より重要なのである。そうした気質がプリンスのなかに

純レーシングエンジンであるＧＲ８を基に開発された世界初の量産ＤＯＨＣ４バルブエンジンＳ20。スカイラインＧＴ-Ｒの他に初代フェアレディＺにも搭載された。ＧＣ10型スカイラインとＳ30型フェアレディでは同じＳ20でも詳細が異なっている。エキゾースト、オイルパン形状、オイルゲージ位置などである。尚、フェアレディＺ４３２Ｒでは、標準状態でエアクリーナすら装着されていない。そうしたスパルタンな仕様がスカイラインではなくフェアレディに用意されていたことからも、Ｓ20エンジンにかける日産の思いが伝わってくるようだ。

も脈々と受けつがれている。これまで、田中次郎氏をはじめ、当時プリンスの技術者だった方々30人ほどと話をする機会があったが、ひとりの例外もなく彼らに共通しているのは、新たなことにチャレンジする気概に溢れていたことである。しかも自動車業界におけるプリンスは新参者なので、競争上なおさら新しい事に取り組まざるを得なかった。

繰り返すが、プリンスのような元来戦闘機屋は、どのようにつくるか、よりも、何をつくるかを大切にする。このように自動車メーカーの気風は出自によっても大きく変わるのである。

《プリンスの技術者魂》

わたしがプリンスの技術者に強く魅かれるのは、彼らが常に受け手のことを考えているからである。面白いエピソードがある。

まだ立川飛行機の時代。学生時代から航空機に憧れ立川飛行機に入社、戦時中、陸軍の航空技術研究所に徴用されていた田中次郎氏は、調査で接したドイツの戦闘機フォッケウルフの機構に感心したという。戦後はたまやプリンスの自動車開発の中核を担い、日産と合併後も日産自動車の役員として開発部門を統括する立場にあった田中氏にとって、フォッケウルフには参考になる点がいくつかあったようだ。

ひとつはエンジン脱着の容易性。様々なパイプ類は外すと弁により自動的に液が止まる仕組みになっていた。また、本来、位置決めの難しいエンジンのマウントにおいても、締結部を締めこむことにより自動的に位置が決まるように工夫されていた。しかも、締結部の数は少なく抑えられている。これらの機構により、エンジン脱着の作業性は、国産機に較べて格段に優れていた。

もうひとつは機内の表示。戦闘機のコクピットには様々な計器が並ぶのだが、パイロットはまず、計器の読み方に習熟する必要があった。具体的には、単に数値だけが記載されているメーターのどこまでが正常値で、どこからが異常値なのかについて、パイロットは熟知していなくてはならない。

ところが件のフォッケウルフは違ったのである。各メーターの異常値を示すゾーンが朱塗りされていて、訓練時間の短いパイロットでも容易にメーターが読めるよう工夫されていた。

これらの事実は戦後も田中次郎氏のなかに深く刻まれることになる。

プリンスが国産車として初となる無給油シャシ、いわゆるメンテナンスフリーを実現させ、これも国産初のコンビスイッチやワーニングランプによる警報装置、世界初となる無反射メーターなどユーザーにとって使い勝手の良い機構を採用していった背景には、このようなエピソードが隠されている。

《ベンチマークとグローバルスタンダード》

戦場という極限状態に送りだす戦闘機の設計に、ある種の顧客第一主義が必要とされていた事実は興味深い。単に性能が良いというだけでなく、戦闘機を操縦するパイロット、そしてメインテナンスを担当する整備士にとって扱いやすくなければ、いかに優れた戦闘機であっても所期の性能を発揮することはできない。プリンスの設計陣には、前身における戦闘機の設計を通じてこのようなあたりまえの事実に気付き､真の顧客第一主義が根付いていたものと思われる。

さらに次のような話を耳にした。

第二次大戦も末期に近い１９４５年（昭和20年）２月、中国の漢口に米軍機Ｂ29が誤って着陸してしまった。その機は即座に捕獲されているのだが、田中次郎氏は、わざわざその機の調査の為、はるばる中国の漢口に赴いている。1945年の2月といえば、翌月には東京大空襲が行なわれていることからもほとんど日本が制空権を失っている時期。それでも危険を冒して遠路調査に出かける。

これは、軍用機の設計においてベンチマークとグローバルスタンダードという概念が大切にされていたことを示している。

今日ではよく耳にするベンチマークとグローバルスタンダードだが、それぞれを簡単に説明しておくと、ベンチマークとは、その分野の最高レベルは何かを見極めること。グローバルスタンダードとは、あたりまえ要件、いわゆる通り相場について押さえておくこと、といった意味で使われることが多い。

日本は、どうしても島国という地理的条件もあって、唯我独尊、井の中の蛙、的になりがちなところがある。最善を尽くすこと、を信条に行動するのは良いが、わき目もふらずに熱中するあまり、出来あがったものは国際レベルにすら達していないようなケースもままあるだろう。

ところが軍用機、なかでもとりわけ戦闘機の場合、相手は海外。世界を相手に渡り合う時、観念論は通用しない。ベストのモノが何かを知らなくては、優れた戦闘機を生みだすことはできない。敵機の情報などたやすく入手できるものではないが、それでも、ベンチマークをしっかりと押さえてから設計を始める姿勢は、エンジニアの基本動作として刷り込まれていったものと思われる。

尚、グローバルスタンダードだが、航空機に於いては、スタンダードそのものが厳しい。自動車であれば、エンジンが故障してもクルマを路肩に停めるなどすれば事なきを得るが、航空機ではそうはいかない。エンジンストップは失速・墜落を意味する。第二次大戦中、中国戦線の前線であてがわれたトラックが、国産のものだとひどく士気が下がったという話を聞いたことがある。それは、当時の国産車がよく故障したからで、皮肉なことに日本フォードなどがつくったトラックの人気が高かったと聞く。もし同じようなことが航空機で起こったならば、話はさらに深刻だっただろう。

ここであらためて確認するまでもなく、日本の戦闘機は列強からも恐れられるくらいに優秀だったのである。

《コンセプトが大切》

戦闘機のエンジニアが知らず知らずのうちに身につけた基本はベンチマークとグローバルスタンダードだけではない。彼らがモノづくりにおけるコンセプトを大事にしていたことも、後々のクルマづくりに活きることになる。

戦時下の航空機開発に於いて最初に必要なのが、その航空機をつくる目的である。これがはっきりしなくては良いものは出来ない。設計に先立ち、どのような環境や状況下で何を達成することを目的とした航空機をつくるのかを明確にすることが大切。まず目的があり、次いでその目的を達成するための目標性能が設定され、はじめて設計作業にとりかかることができる。

一概に軍用機といっても爆撃機、戦闘機、迎撃機のそれぞれで設計要件は異なり、また、それらのなかでもさらに細分化された目的に沿って設計することが求められる。

ここまで簡単にみてきたように、戦時下における航空機の設計は、単に設計の早さや的確さだけでなく、コンセプト、使用者にとってのつかいやすさ、そして国際的なベンチマークやスタンダードを見据えた視野の広さが必要で、これら設計者としての基本資質が後に自動車をつくる際に大いに役立つのである。

《電気自動車にも活かされた経験》

ひとつだけ実例をあげよう。最初に手掛けたクルマ、電気自動車のたまに関するエピソードである。

たまが生まれた戦後まもない頃、日本製のクルマは品質が悪く箱根もろくに越えられない有様だった。当時のクルマを知るわたしの父も、21世紀の声を聞いてなお、新しいクルマを見ると、東京から京都まで出かけてもびくともしないか、と必ず尋ねていたものだ。そのたびに、父が免許を取得した終戦直後はクルマが長距離を何事もなく走り切るなど、とても珍しかったことがうかがわれた。

そのような状況に、国もクルマの品質向上に意を払っている。毎年、品質向上と資材の適切な配分を目的にクルマの性能試験を行なっていた。

電気自動車に対する性能試験は第一回が１９４８年（昭和23年）３月に関西の高槻にて実施されている。高槻の地が選ばれたのは、大手のバッテリー工場があり、電気自動車の試験にはバッテリーチャージなどの作業が不可欠だったためである。

この試験において、13項目ある試験のうち12項目でトップの成績を収めたのがたま号。まさに航空機屋の面目躍如といったところだろう。

ここでも技術陣の工夫が光っている。もちろん、たまの基本性能が高かったこともあるが、それに加え、さまざまな工夫をこらしたことが奏功する。

たとえば、航続距離の試験。バッテリーはチャージとディスチャージを繰り返すと徐々に容量が減っていくことが知られている。実は最初から右肩下がりに容量が減っていくのではなく、チャージ・ディスチャージを繰り返して10回目くらいに一度最も容量が大きくなる特性があることをつきとめ、試験でのチャージがちょうど10回目あたりになるように調整している。チャージ方法も最初に大電流を流し、その後弱い電流で長い時間をかけるとよいのではないか、といった考察を加えている。

また、当時はオイルの類が今日ほど高品質ではなかったため、デファレンシャルのオイルも冷間時のフリクションが大きい。これも、あらかじめデフオイルを充分に温めておくことで、抵抗を最小限にしている。この話など、潜水空母と呼ばれた伊―400潜水艦において、搭載機である晴嵐の円滑な発艦のため、エンジンオイルをあらかじめ温めていたという逸話にも通じるところがあり興

たまセニア（EMS―49）。もともとはガソリンエンジン車の代替として開発された電気自動車も、たまセニアではかなり本格的な乗用車となっている。最高速度55㎞。急坂として知られる東京の霊南坂も楽々と登り、一充電の航続距離は200㎞。東京・小田原の往復が可能と謳われていた。ラジオなどの高級装備も備え、電気自動車の専業メーカーとして身を立てようとの意欲に溢れた一台となっている。

味深い。

このような工夫の積み重ねにより、小田原で行なわれた第二回の試験時に中型車のたまセニアは、一回の充電で231kmを走るという記録をつくっている。

たまは使い勝手も良かった。電気自動車では充電がネックとなる。当時、乗用車の主な納入先のひとつはタクシー会社。走り続けることが大切なタクシーの場合、10時間にもおよぶ充電時間中、営業ができないのは辛い。ところが、たまではバッテリーが容易に交換できるようカセット式に収納されており、タクシーの用途にも充分対応できた。あらかじめ予備のバッテリーを充電しておけば、カセット状のバッテリー交換に要する時間は10分程度。このような使いやすさと、性能の高さがあいまって、たまはプレミア価格がつくほどの人気を博したのである。

《プリンスの国際性――パリサロン出展》

さて、話をプリンスに戻そう。プリンスは早くから海外に目を向けていた。航空機では世界を相手にしたモノづくりをしてきた技術者たちである、自ら手

上：こちらはプリンスブースの写真。日本から初めての出展とあって、かなりの賑わいである。

掛けたクルマを世界に問いたいという気持ちが強くて当然だろう。

数ある国際的なモーターショーの中で、１９５０年代もそして現在も、最大規模のものはパリサロン（パリショー）である。プリンスが初めて海外のモーターショーに出展したのは、１９５７年（昭和32年）のパリサロン。小さなブースを構え国内で発表したばかりのスカイラインを展示している。

当時はさすがに東洋からの出展者には、通路わきの小区

右：パリサロン会場全体の様子。シトロエンブースを飾るのはＩＤ19か。

画しか与えられなかったようだが、1957年にこのような場に日本から参加した自動車メーカーは、プリンスだけだった。この事実がプリンスの国際性を如実に示している。

《コンパニオン》

ブースは小さかったが、ブースコンパニオンは一流だった。小さなプリンスのブースに詰める2名のフランス人女性は、ひとりが1956年のミスワールドフランス代表、そしてもうひとりも1957年のミスワールドフランス代表、プリンスの慧眼が光っている。しかもコンパニオンふたりの着付けを担当したのは山野愛子女史。これらの事実からも、プリンスの力の入れ方が伝わってくる。さすがに日本からの出品は珍しかったとみえて、会場は連日の大賑わい、パリに居を構えたばかりの女優、岸恵子さんも訪れている。

いまわしい大戦の記憶も残る1957年、欧州を代表する自動車ショーに日本からの出展があることに驚いたのだろう、英国のサンデイディスパッチ紙は出展者であるプリンスを叩く記事を掲載している。その際、勢い余ってその鉾

小さなプリンスのブースを盛り上げるミスフランスの二人。和服の着付けは山野愛子女史。

先をフランス人コンパニオンにまで向けてしまった。

《サンデイディスパッチの記事》

パリに日本から突如として現れたプリンスに直感的脅威を覚えたのか、当時２５０万部の発行数を誇っていた英国のサンデイディスパッチ紙が、スカイラインのデザインのみならずフランス人コンパニオンまでも中傷する記事を掲載した。１９５７年9月29日のことである。このような記事が出ること自体、プリンスの技術に対してある種の脅威を感じたことを物語っている。

ちなみに今日も存在する英国の新車試験機関ＭＩＲＡ(Motor Industry Research Association)が戦後日本に調査に訪れた際、トヨタも日産も購入せず、プリンスセダンだけを試験のために購入して帰国したという話がある。プリンスには、世界水準となりうる資質があったのだろう。

SUNDAY DISPATCH, September 29, 1957

Now they all want the climbing strawberry

By LEONARD COTTON

The Japs launch big challenge

our cars

THE GOVERNMENT POURS IN MONEY TO SLASH PRICES

THE Japanese are today poised for a leap into the British car market with their four-cylinder family saloon, the Prince Skyline, the first of their cars ever to be shown outside the Far East.

by David Wynne-Morgan
Sunday Dispatch Motoring Correspondent

AND HERE IT IS—THE PRINCE SKYLINE

DID THE IDEA COME FROM THIS, THIS OR THIS?

● The Vauxhall Victor.

● The Ford Consul.

● The Hillman Minx.

No potent

Close copy

H-bomb blamed

A quota?

'Copy-cat' war flares

この誹謗記事に対し、プリンスでは即座にアクションを取る。記事が掲載された翌日には当時の團伊能社長名で抗議の手紙を起草している。その内容と英文も、また格調高い。

サンデイディスパッチ紙に「芸者ガール」と揶揄されたプリンスブースのコンパニオンとは、前述のごとく、ミスワールドコンテストの1956年フランス代表と、同じく1957年のフランス代表、言ってみれば当時のフランスを代表する女性ふたりである。最終的に発信されたプリンスからの抗議文書では、その冒頭でフランスを代表するレディーを誹謗するとは失礼であろうと糾弾している。さすがはプリンス、抗議文書まで、粋である。

《産経新聞の記事》

サンデイディスパッチ紙の誹謗記事から一ヶ月弱、10月17日に産経新聞が事の顛末を書いている。記事の表題からも、サンデイディスパッチ紙の記事が中傷

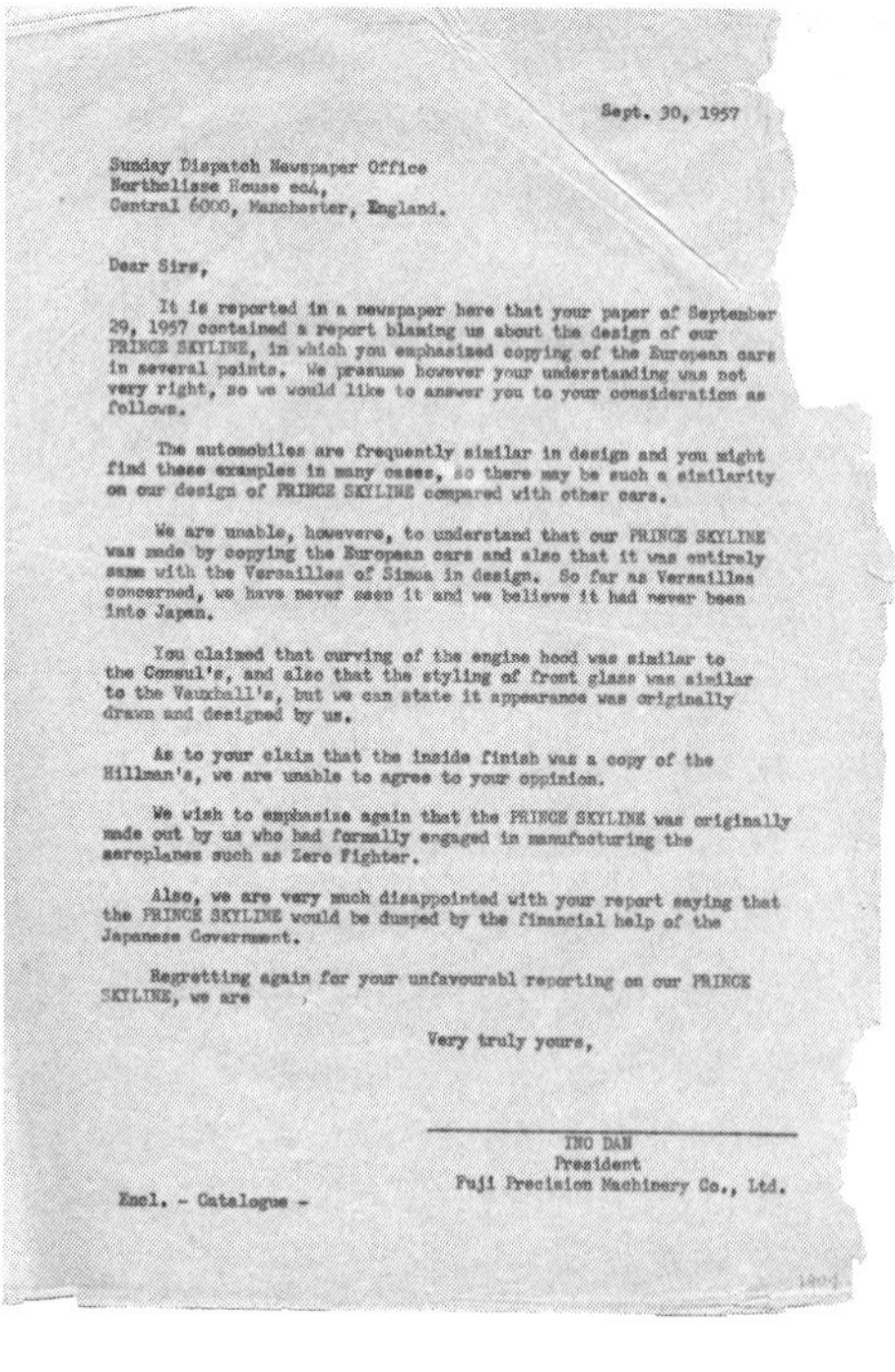
Sept. 30, 1957

Sunday Dispatch Newspaper Office
Northcliffe House ec4,
Central 6000, Manchester, England.

Dear Sirs,

It is reported in a newspaper here that your paper of September 29, 1957 contained a report blaming us about the design of our PRINCE SKYLINE, in which you emphasized copying of the European cars in several points. We presume however your understanding was not very right, so we would like to answer you to your consideration as follows.

The automobiles are frequently similar in design and you might find these examples in many cases, so there may be such a similarity on our design of PRINCE SKYLINE compared with other cars.

We are unable, howevere, to understand that our PRINCE SKYLINE was made by copying the European cars and also that it was entirely same with the Versailles of Simca in design. So far as Versailles concerned, we have never seen it and we believe it had never been into Japan.

You claimed that curving of the engine hood was similar to the Consul's, and also that the styling of front glass was similar to the Vauxhall's, but we can state it appearance was originally drawn and designed by us.

As to your claim that the inside finish was a copy of the Hillman's, we are unable to agree to your oppinion.

We wish to emphasize again that the PRINCE SKYLINE was originally made out by us who had formally engaged in manufacturing the aeroplanes such as Zero Fighter.

Also, we are very much disappointed with your report saying that the PRINCE SKYLINE would be dumped by the financial help of the Japanese Government.

Regretting again for your unfavourabl reporting on our PRINCE SKYLINE, we are

Very truly yours,

INO DAN
President
Fuji Precision Machinery Co., Ltd.

Encl. - Catalogue -

記事掲載の翌日には用意されたプリンス團社長名による書簡の草稿。格調高い英文である。

記事であることに抗議している様子がうかがえる。産経新聞は英字版でも同様に、プリンススカイラインが単なるコピー商品ではないとの論陣をはっている。

プリンス時代のスカイラインには日本国内専用車といったイメージが強いが、実は、このように国際性豊かな商品ブランドだった。

パリサロンはパリのモーターショーとして長い歴史を持っている。そのパリサロンに日本車として最初に展示されたのが、他ならぬプリンススカイラインなのである。

スカイラインが自動車の本場欧州、それもパリサロンに、単身切り込んで行った最初の日本車であることを肝に銘じておきたい。

《もうひとつのクレーム》

パリサロンに出展したことで、プリンス自体にもうひとつクレームが寄せられている。それは、当時はまだ独立した企業でロータリーエンジンの開発などで意気の上がるＮＳＵからの申し入れだった。ＮＳＵにはプリンツという主力車種があり、プリンスの社名は、そのプリンツとまぎらわしい、というもの。

この影響から、トリノショーに展示されたスカイラインスポーツにも、プリンスを示す表示は一切ない。

《第二回日本グランプリ余談》

この序章に続く本章では1960年（昭和35年）前後の話が中心となっている。そこで、ここでは少しだけ時計の針を進めさせていただく。

1964年の第二回日本グランプリは、後に語り継がれるスカイラン対ポルシェ904のエピソードを生んだレースとして有名である。しかしながら、このレース直後からの活動についてはあまり知られていない。

第二回日本グランプリが行なわれたのは1964年5月2日から3日にかけて。その翌月にはフランスでルマンが開催される。そのルマンの地に、プリンスの田中次郎氏と榊原雄二氏の姿があった。目的はダンロップレーシングタイヤの買い付け。ダンロップのレーシングサプライ部門の長をつかまえるにはルマンに赴くのがベスト、と聞いての往訪である。プリンスではダンロップの実力者と面会するにあたり、遥々日本から重たい鉄製の吊り灯籠を持参し、細やかな心遣いを示している。

ルマンの次にプリンス一行が訪れたのがボローニャにあるウェーバー社。こちらはスカイライン用のツインチョークウェーバーを３０００基、買い付けるのが目的だった。ウェーバー社にとっても、ツインチョークの高性能気化器を一度に３０００基も生産するのは容易ではないだろう。プリンスの一行は交渉も一筋縄ではいかないと、ボローニャにおける日程をたっぷりとっていた。ところが、意外にもあっさりとウェーバー側が３０００基のオファーを引き受けてしまい、一行には思いがけない余暇ができた。

イタリアが今日より遥かに遠かった１９６４年、通常なら望外の余暇は観光に充てるところだが、プリンスの一行は違った。ボローニャからモデナまでは近いはず、とばかり、約束なしでいきなりフェラーリ社を訪ねている。しかも、フェラーリの総帥、エンツォ・フェラーリとの面会まで申し入れてしまう。

この申し入れを快く受け入れ、エンツォはプリンスの一行と懇談している。曰く、モデナの人々は日本が大好き、その証拠に、モデナには「ノギ」や「トーゴー」といった乃木希典陸軍大将と東郷平八郎海軍大将にちなんで名づけられた道があります。

《国際標準：プロトタイプレース》

フェラーリにおける思わぬ成果はエンツォとの懇談だけではない。わたしはレース場に足を運ばない、と言うエンツォに見せられたのは、ルマンから凱旋してきたばかりの275Pや330P、そして前年に発表された250LMだった。

これらのクルマを目の当たりにしてプリンスの一行は確信する。これからのレースはプロトタイプが主流になる、と。

フェラーリを後にしたプリンス一行はイタリアからイギリスに移動、見学で訪れたブラバムで、たまたまみかけたBT8を購入する。これは計画的な行動というよりは、どちらかといえば奇遇の重ね合わせ。ボローニャで思わぬ余暇ができフェラーリを往訪、そこで250LMや、たまたまルマンから戻ってきた275Pなどに遭遇、そして英国ではブラバムでBT8をみつけ、プリンス一行のなかにエンジンのスペシャリストである榊原雄二氏がいたことから、これなら何とか自

製の6気筒が載りそうだとその場で判断し、購入を決めたのである。

R380が生まれた背景には、このような話が埋もれている。

ちなみに、その後も田中次郎氏の許には、エンツォから毎年フェラーリの年鑑とクリスマスカードが届き、それはエンツォが亡くなるまで続いたそうである。

このような余談からも、プリンスの国際性を窺い知ることができる。余談の余談で恐縮だが、プリンス一行がブラバムを訪問した翌日、小林彰太郎氏がブラバムを訪れている。その際、つい昨日、日本からの一行がBT8とフォーミュラカーを一台購入していった、との話を聞かされたとのこと。まさに奇遇とは重なるものである。

今更説明の必要もない国産初のプロトタイプレーサーR380。プリンスの技術者たちは最初から、遥か先の目標としてルマンを見据えていた。

《プリンスと日産》

プリンスの特徴を更に明瞭にするため、日産についても簡単にその背景をおさらいしておこう。

日産は戦前、米国のグラハムページ社から製造設備を購入し、戦後もいち早くオースチンのノックダウン生産を行なうなど、どうやってクルマをつくるのかを中心に学んだメーカーである。

余談が重なるが、戦前から横浜にある日産の工場は戦時中も爆撃されたことがない。グラハムページや、工場の設計を行なった米人ウィリアム・ゴーハムなど、同工場が米国と深いゆかりがあったことも、その遠因ではないかと思われる。近在の飲料メーカーのキリンや音響関係のコロンビアの工場が爆撃されながら、日産だけが無傷だった。

話を元に戻そう。どうやってクルマをつくるかを大切にするのは、日産が最初から商品としてのクルマを生業としていたメーカーであることに依るところが大きい。体質として、コストや品質に対する関心が強い。すなわち、何をつくるかよりも、どのように作るかを大切にする風土が形成されていく。日産の経営トップに製造畑の人材が多かったという事実からも、こうした社風は明らかだろう。

一方のプリンスは、日産とは真逆である。ノックダウンには手を染めず、自力でドディオンアクスルをまとめあげ、その後も世界に先駆けた無反射メーター、世界初となる量産型4バルブＤＯＨＣエンジン、などを世に出している。

これらの例は、プリンスがどうやってつくるかよりも、何をつくるかに重点をおいたクルマ作りを推し進めていた証左である。

たとえ世界初ではなくとも、フォード等のように廉価で品質の高い日常生活に役立つ商品としてのクルマをつくろうとする日産と、クルマの持つプレミアムな部分を前面にだして先進・先駆を大切にしたクルマつくりに邁進するプリンス。

後に合併することになる日産とプリンスだが、このようにそれぞれの社風は好対照をなしている。

《合併の背景》

ここで、合併の背景についても簡単に触れておこう。わたしは学士論文として日産とプリンスの合併背景をまとめた。したがって、日産とプリンスの合併経緯について若干の知識があるものと自負していた。ところが、プリンスの関係者に聞き取り取材を続けるうち、これまでとは異なる側面が浮かび上がってきた。

両社の合併に関する一般的なイメージは、経営破綻したプリンスに日産が救いの手を差し伸べたというもの。ところが、実態はいささか異なる面もあるようだ。

まず、プリンスが経営破綻していたという話。当時のプリンスが膨大な資金を要する時期にあったことは確かだが、それだけで即座に経営破綻していたことを意味するものではない。

１９６０年代といえば、まさに日本における自動車産業の黎明期。この時期、自動車という商品がどのような位置付けにあったのかが大きなカギを握っている。

マーケティングや経営の授業などで基礎として学ぶ内容のひとつに商品の４区分がある。商品を「問題児」「花形商品」「負け犬」そして「金のなる木」に分ける考え方で、概要は次のようなものである。

「金のなる木」は大きな追加投資なしに利潤をあげる事業。市場の伸び率も少ないが、その中で大きなシェアを占めている場合などが該当する。

対極にあるのが「負け犬」。市場に変化が乏しく、そのなかでシェアが低い。こうなると将来性もないので撤退を考えるべきである。

「花形製品」は市場が急成長を遂げているような分野で、ここでは投資を続けていくことが何よりも重要となる。少しでも投資を怠ると、その分野での「問題児」となり、いずれは「負け犬」と化してしまう。

当時の自動車はこの4区分にあてはめるならば、まさに「花形商品」の象徴だったといえるだろう。この「花形商品」、潤沢な資金を投入しないと、先にも書いたように、すぐに「問題児」、あるいは「負け犬」カテゴリーに落ち込んでしまう。金を惜しみなくかけて、なんとか「金のなる木」に育て上げなくてはならない。当時は自動車という商品自体が、まさに皆「花形商品」の座に位置していた。プリンスにおいては、スカイラインなど売れに売れていたこともあり、潤沢な資金を必要としたことだろう。

一方、トヨタや日産は、勢いのあるプリンスを好ましく思っていなかった。しかも、プリンスの実質的なオーナーはブリヂストンの創設者である石橋家である。石橋家がプリンスのバックアップを続けるなら、ブリヂストンからはタイアを購入しない、との圧力をかけてくる。石橋家は家業のタイアに専念するか、夢だった自動車をとるか、二者択一の選択を迫られ、タイアを選ぶのである。

大資本家の抜けたプリンスを支えることになったのは、メインバンクの住友銀行。ただし、当時の住友銀行は東洋工業(マツダ)のメインバンクでもあった。前述の通り、この時期の自動車産業を支えるのは資金的な負荷が高い。そのような状況下では、さすがに住友といえども、一行でマツダと大資本家の去ったプリンスの2社をメインバンクとして支えていくのは辛い。以上のような状況も強く影響し第一勧業銀行等の仲介で、結果として日産との合併が実現することになったのである。

　プリンスという企業自体のポテンシャルは高かったが、大きな正念場において資金調達を特定の資本家に依存していた体質に足をすくわれてしまった感が強い。歴史に「もしも」はありえないが、プリンスがそのまま独立した状態で存続していたら、日本の自動車産業も今とは大きく変わっていただろう。

《ロイヤルワランティー》

　ここで、もう一度プリンスの黎明期を思い出してみよう。

　プリンスは最初の一歩からプレミアムカーメーカーとしての歩みを始めている。すなわち、１５００ccの当時国内最大排気量のエンジンを搭載したプリンスセダンから始め、その後もスカイライン、スカイラインスーパー、グロリアといった上級車種を投入。エンジンだけをみても、１９００ccや、戦後国産初となる6気筒などを開発し、プリンスは日産と合併するまで、最初の１５００cc

エンジンよりも小さな排気量のものは商品化しなかった。

しかも、皇族方がこぞって購入されている。プレミアムカーの条件として最も大切なのは、価格や仕様ではなく、誰が顧客なのか、ということだろう。その意味でも、プリンスは、生まれながらにして立派なプレミアムカーメーカーだったのである。

《序章の結びに代えて》

序章のしめくくりに、ひとつのエピソードを紹介したい。

かつてプリンスに勤めていた方が、ふともらした話がある。それはとある昼休みの情景。古き良き昭和30年代の会社生活の様子がうかがえる内容だった。その頃は、昼休みともなれば社員は皆、屋外に出てバドミントンやバレーボールなどを行なうのが一般的。プリンスとて例外ではない。ところが、興じる遊びが一風変わっていた。一年中、羽子板をしていたというのである。バドミントンなんて買う余裕はないから、家から羽子板を持ってきて、いつも羽子板で遊んでいた。

いかに当時のプリンスが貧乏所帯だったとしても、バドミントンの道具くらいは買うことができただろう。しかしながら、安易な浪費をよしとせず、家から羽子板を持ってくればいいじゃないか、と工夫したところに、プリンスらしさがうかがえる。

プリンスは夢を紡ぐ工房でありながら、一方で質実剛健な面を持ち合わせていた。更にいうならば、当時のプリンスは企業規模も小さく、いわゆる大企業ではない。したがって、社員にもクルマが好きだという情熱をたよりに集う人が多かったようである。

孔子を持ちだすまでもなく、之を知る者は之を好む者に如かず、である。プリンスの人々は厳しいなかでも、実にたのしそうに日々を過ごしていたようだ。

この先の本章は、そのような実にプリンスらしい人々の織りなす物語。たのしんでいただければと思う。

Skyline Sport

上：実車完成後にミケロッティ自身が描いたスカイラインスポーツ。署名とともに1961年1月1日トリノにて、と書かれている。絵画的なタッチ、元旦という日付や永らく井上家に保管されていたことを考えると、おそらくは井上猛さんの労をねぎらう意味でミケロッティから井上さんにプレゼントされたものだろう。

全ての事情に通じているミケロッティが描いたスカイラインスポーツは、クーペ。本文にもあるように、本来計画のなかったクーペをつくるために井上さんが奔走したことを誰よりも知るミケロッティが井上さんに贈るための題材を選ぶとすれば、それはクーペしかない。

右：スカイラインスポーツのカタログ。同車のカタログとしては、この他に大判のものがよく知られている。こちらも小さいながら12ページもある力作。写真にはないが、カタログを開くとまず最初に「あなたの夢、カー・マニアの夢が実現しました」、のコピーが目に飛び込んでくる。

上：クーペとコンバーチブルの2台のうちプリンスが優先したのはコンバーチブル。ボディカラーの白は日本をあらわす色としてプリンス本社の指示によるもの。トリノショーに展示する車両が完成したのもクーペよりコンバーチブルの方が5日ほど早かった。ただしこの広報写真が撮影された時点で、ステアリングはベースとなったグロリアのままである。前ページのクーペは、トリノショー終了後に撮影されたもので、ステアリングもナルディ製に換えられている。
下：井上さんとミケロッティの信頼関係が滲むような一枚。

DPSK・CPSK & CPRB

右上：プリンスが市場投入を検討していた国民車で当初は空冷水平対向2気筒のFG2Dエンジンの搭載を計画していた。クレイモデルによるデザイン作業時は、まだFG2Dを搭載する前提だったのでDPSKと呼ばれていた。後に試作車が完成すると、2気筒はうるさいうえに振動が大きく、空冷水平対向4気筒のFG4Cに換装され、それにともない車両名称もCPSKとなる。プリンスは高級車に専念する、との鶴の一声でプロジェクトがキャンセルされたのは本文にある通り。

右下：CPSKをベースに計画された小型スポーツのCPRB。デザインは100％フランコ・スカリオーネ。小さなボディサイズながら、4人乗車とスポーティー性を両立させようとしている。

左上：CPRBのフロントクオータビュー。実走行可能なモデル。次ページの1900スプリントと較べると、両車の主な違いはフロント周りに集中していることがわかる。

左下：CPRBの顔つき。小さなボディサイズにもかかわらず、存在感がある。

1900Sprint

１９００スプリントの室内。メーターは右が１７０㎞までの速度計、左は上が６０００ｒｐｍまでの回転計、下が燃料計といたってシンプル。キャビンはスカリオーネによるしっかりした基本設計に助けられ、後席も実用性が確保されている。

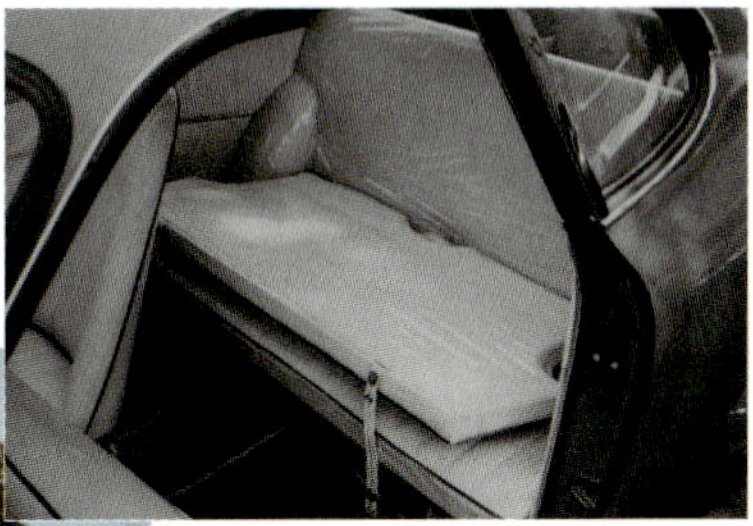

右上：前ページのＣＰＲＢと比較すると、井上さんはフロントウィンドより後ろにはほとんど手を入れず、フロント周りを中心にモディファイしていることが分かる。

左下：前ページのＣＰＲＢと見較べると、フロントエンジンに変更したにもかかわらず、冷却のための開口部が小さい。井上さんがスカリオーネデザインを極力踏襲しようと苦心しているさまがみてとれる。撮影場所は府中にある石橋家の別邸、鳩林荘か。

第1章
プリンスの土壌がはぐくんだヒトとモノ

前章におけるかなり荒っぽいふりかえりで、プリンスという会社がもつ雰囲気の一端は感じていただけたのではないかと思う。

本章では、そんなプリンスが育んだヒトと、そのヒトたちが産み出したモノについて書き進めてみたい。ここからはヒトが主体となる話なので、先人たちへの敬称も「氏」から、「さん」に替えている。

〖エピソード1：スカイラインスポーツ〗

まずは、日本におけるイタリアンデザインによるスポーツスペシャリティーの先駆けとなった、プリンス・スカイラインスポーツ（以下スカイラインスポーツ）にまつわるエピソードから。

スカイラインスポーツとは、1960年11月のトリノショーで鮮烈なデビューを飾った、日本車として初のイタリアンデザインによるスペシャリティーカーである。後に日本で生産されたが、高価格だったこともあり、ごく短命に終わった。総生産台数は試作車を含めても47台と少なく、そのうちの40台ほどしか市販されなかった。

　スカイラインスポーツの産みの親は、中島飛行機から富士精密、プリンス、そして日産と歩まれた中川良一さん。先にも記したとおり、中川さんは中島飛行機時代、若くして「栄」エンジンや続く「誉」エンジンの主任技師となった日本を代表する技術者の一人である。

　ここに１９８９年（平成元年）７月８日付日刊自動車新

スカイラインスポーツ。クーペとコンバーチブルがあり型式はＢＬＲＡ。型式からもわかるように１９００ccＦＧ４Ｂエンジンを用いたグロリアの車台にミケロッティデザインのボディを架装したもの。

聞に掲載された中川さんの随筆がある。その随筆には、1955年（昭和30年）に欧州を往訪したときの様子が綴られている。

中川さんは1955年のジュネーブモーターショーを視察し、イタリアのカロッツェリアによるスポーツカーの美しさに驚いている。さらに同じ主張中、

1960年、スカイラインスポーツのトリノショー展示に合わせて訪伊した際の中川良一さん。撮影日は1960年11月15日、撮影者は井上猛さん。中川さんが日本に帰国する直前にトリノで撮影された写真である。

スイスのロケットで有名なエリコン社を、防衛庁（当時）の嘱託として訪問。その時の忘れられない経験として次のような話を紹介している。

それは中川さんがエリコン社の重役であるガーバー博士と技術懇談を行なっていた時のことである。懇談中のガーバー博士のところに秘書が来て何か耳元でささやく。すると博士は急にそわそわしはじめて全く話が進まなくなってしまった。中川さんがたまりかねて理由を訊ねると、博士は「実は、待ちに待ったクルマが、今、玄関に届いたらしい」と答えた。

そのままでは懇談も進みそうにないので、では一緒に拝見させてくださいと、懇談を中断して玄関へ。そこにはアイボリーホワイトのメルセデスベンツ300SLガルウィングが佇んでいた。

ガーバー博士は中川さんがわざわざ官命で往訪するような立派な大人である。その博士をも虜にするクルマの存在を目の当たりにしたことで、中川さんのなかに強い思いがこみ上げてきたのだろう。しかも、中川さんは懇談直前に訪れたジュネーブショーで眩しいばかりのイタリアンカロッツェリアの作品群を脳裏に焼き付けたばかりだった。

結果としてガーバー博士は中川さんを再び奮い立たせた。中川さんは随筆に

メルセデスベンツ300SLガルウィング。1955年当時、メルセデスを代表する超がつくほどのスーパーカー。中川さんがスイスでその姿を見た時は、ルマンで悲劇の起こる前でメルセデスのスポーツカーが最も輝いていた時期かもしれない。300SLガルウィングの放つオーラは今日もなお、衰えることがない。

記している。この時に、いつの日か日本で美しいイタリアンデザインのスポーツカーをつくることが私の夢になった、と。

中川さんに限らず、プリンスの前身である航空機の設計からクルマに転身した技術者の多くは、機会があれば航空機を設計したいとの念を強く抱いている。彼らに、現在、もしクルマと航空機のどちらでも携われるとしたらどちらを選ぶか尋ねてみると、迷わず航空機を選ぶヒトが多い。

好きな航空機を直接設計できなくなってしまった中川さんも、一台のクルマに少年のような眼差しを向けるガーバー博士によって、クルマに対する情熱を呼び起こされたのである。

ただし、その夢がスカイラインスポーツとして実現するまでには、更に5年の歳月が必要となる。

《スカイラインスポーツを仕込んだ男》

実はスカイラインスポーツにはもうひとり、親とも呼ぶべきヒトがいる。プリンスのデザイナーだった、井上猛さんである。

中川良一さんに関する資料は多く、著述も残されているのでその名は広く知られていることと思う。本書では、これまであまり脚光の当たることのなかった人々の活動を浮き彫りにしていきたい。

井上猛さんは1902年（明治35年）生まれ。学卒後、まず高島屋に入社し、家具売り場、外商部と経験する。1943年（昭和18年）に高島屋を退社。高島屋時代にお得意様のひとりだったブリヂストンの石橋正二郎氏の伝手でブリヂストンの林業部門に転職。1956年（昭和31年）に、身分はブリヂストンに置いたままプリンスに出向、部長待遇で同社のデザイン部署に所属した。その後、1966年に自らのデザイン事務所を興して独立するまで、井上さんはプリンスに在籍した。

井上さんをプリンスのデザインに推したのは、石橋さんの、家具や木材に長じていれば、高級車に取り組むプリンスのデザイン部門にとっても必ずや益するところがあるだろう、との判断によるものである。

プリンスに転職後、井上さんはトラックのエクステリアデザインなど、独自のデッサンでデザインの提案を重ねていたようである。石橋さんも気にして、井上さんのデザインを後押しすることもあったようだが、残念ながら実車とし

て採用されたものはない。この小さな事実からもプリンスの社風がみてとれる。
　通常の企業であれば、オーナーの発言は絶対である。石橋さんが推すデザインが決定案となりそうなものだが、プリンスは異なる。現場の意見、この場合はデザイン部署の意向などが尊重され、結果として井上さんのデザインは採用

イタリアにて、手塩に掛けたスカイラインスポーツ（クーペ）に乗る井上さん。徹夜の連続で疲れている様子ながら、どこかホッとした表情のようにも見える。

に至らなかった。当時を知る人の話では、攻めのプリンスとして、井上さんのデザイン案はオーソドックスに過ぎるとの判断だったとのこと。

普通なら、第二の人生は、自分がそれまで培ってきた得意分野を活かしながら、助言や後進の育成などで静かに過ごすといった選択肢をとることが多いのだが、井上さんは新たな地で一念発起する。

自動車デザインに関する素養が足りないと感じるや、一から自動車デザインを学ぶべく、独力でイタリア留学を目指している。自動車デザインを学ぶ場として迷うことなくイタリアを選ぶあたり、慧眼の持ち主であることがうかがえる。

プリンスもまた、この井上さんの意向と真摯に向き合っている。特に中川さんを中心に、井上さんを積極的に支援して、奇跡ともいえる留学を実現させる。

当時、まだ海外渡航は厳しく制限されており、簡単に海外留学が実現する環境にはなかった。そこで、井上さんは日本貿易振興機構（以下ＪＥＴＲＯ）の産業意匠改善在イタリア研究員試験に合格し、海外渡航枠を取得、さらにイタリア語を独学で勉強、留学にこぎつけている。これだけでも並々ならぬバイタリティーを要したことだろう。

その熱意が結実し、1959年（昭和34年）11月から1961年7月の約2年間、自動車デザインの勉強のためイタリアへ単身で留学することになる。海外渡航枠の試験には合格したものの、年齢を理由に留学費用は出せないとするJETROに対し、費用一切はプリンスで賄うとして留学を実現させたあたりにも、プリンスと井上さんの強固な信頼関係がみてとれる。

井上さんは前述のごとく1902年（明治35年）の生まれなので、イタリアに渡ったときの年齢は57歳である（正確には誕生月が12月なので56歳と11ヶ月でイタリアへ発ったことになる）。当時の年齢を現在に置き換えると10歳を加算したくらいでちょうどよい、といった話もよく耳にする。この年齢で、今よりは遥か彼方であったはずのイタリアへ、しかも単身で留学を果たした気概には、ただただ敬服させられる。

この留学は、おそらく石橋家に対してせめてもの恩返しがしたいという、明治気質な強い意志によるものと思われる。社命ではなく、あくまで井上さんご自身の強い考えから実現したものだろう。ご遺族によれば、井上さんは亡くなるまで、毎年石橋家への墓参を欠かさなかったそうである。わたしは残念ながら写真でしか井上さんを知らないが、井上さんの成し遂げたことから察すると、

優しげな面持ちの姿とは対照的に、彼は実に骨太な明治の男なのである。

井上さんのイタリアにおける2年間の活動は、ご遺族の周到な配慮により、幸いにも詳細な記録が残されている。早速、時系列でその内容をみていくことにしよう。

《留学最初の行動》

井上さんは1959年（昭和34年）11月1日の17時にスカンジナビア航空（SAS）で羽田からイタリアに向けて旅立って

1959年11月1日、羽田空港から欧州へ出発する井上さん。帽子を高く掲げて送りに来た人たちに応えている姿が確認できる。当時はこのように地面からタラップを上って搭乗した。他の写真をみると、井上さんの家族や関係者が大勢空港に来ている。2年間も欧州に単身赴任するということは、当時、とても大変なことだったのだろう。

いる。ローマ等を経由してミラノに到着したのは11月5日のこと。日本からミラノまで4日もかかっている。わたしの父が１９５１年に渡欧した際、南周りの飛行機で途中クルーが3回入れ換わり、欧州まで76時間を要したと話していた。今日では考えられないかもしれないが、海外へ出かけるのに水杯を交わした時代、イタリアは現在より遥か彼方の国だった。

到着の翌日、すなわち11月6日から早速井上さんは精力的な活動を開始する。イタリアにおける研修先の斡旋依頼の為、井上さんが真先に頼ったのはミラノ工科大学建築学部のジオ・ポンティ教授。デザイン誌ＤＯＭＵＳの創設者として知られ、また現在でもリチャード・ジノリの食器などに名を残すジオ・ポンティ教授だが、さすがは高島屋で長く家具畑を歩んだ井上さんらしい人選である。

ジオ・ポンティ教授から紹介されたのはボネットデザイン。ピニンファリーナにも在籍経験のあるルドルフォ・ボネット氏が１９５８年に興したデザイン事務所だった。ボネットデザインそのものは、今日もルドルフォ・ボネット氏の息子であるマルコ・ボネット氏によって継続されている。

このボネットデザインは、クルマのデザインも手掛けるのだが、建築や家具

に名を残すジオ・ポンティ教授からの紹介だけあって、どちらかといえば家具などを得意とするデザイン事務所だったようである。

とにかく、イタリア到着後間もない11月15日からボネットデザインでの研修生活を開始している。

研修と同時に下宿さがしも併行して行なっており、12月5日からミラノ市ヴィンチェンツォ・モンティーノ5番地で下宿生活を始めている。

ところが、希望に満ちた研修生活も長くは続かない。残

本文にあるルドルフォ・ボネット氏。高名なジオ・ポンティ教授からの紹介で井上さんはボネット氏の主宰するデザイン事務所で研修することになった。後にスカイラインスポーツのデザイン委託先としてミケロッティを推したのも、このボネット氏である。

された資料をみると、かなり早い時期から井上さんがボネットデザインにおける研修内容に満足していなかった様子がうかがえる。

詳しい理由は後述するが、井上さんがボネットデザインにおける研修を終えるのは翌１９６０年3月15日のことである。

ボネットデザインにおける井上さんの研修風景。自動車のデザイン手法を学ぶ目的で渡伊した井上さんにとって、家具などを得意とするボネットデザインの研修内容はあまり満足のいくものではなかった。井上さんが学びたかったのは１／１線図の引き方など、イタリアならではの実践的自動車デザイン手法だったのである。

《トリノでの活動》

イタリアにおける自動車の本拠地はトリノだと確信した井上さんは、ミラノにあるボネットデザインを辞し、4日後の3月19日には、居をトリノに移している。新たな居は、トリノ市ドーカ・デリ・アブルツィ6番地。この転居は、来たるべき大仕事に備えてのこと。その大仕事とは、他ならないスカイラインスポーツにまつわる諸業務である。

この一連のあわただしい動きの背景には、プリンス本社からの内意もあったことだろう。渡伊後もプリンスの中川良一常務とは緻密な連携を保っていた。その中川常務から、内意ではなく、正式にスカイラインスポーツのプロジェクトにプリンス役員会の承認がおりたと知らされるのは、1960年3月18日付の書簡。その書簡には、「スポーツカーの製作が役員会で決まったので、至急デザイン委託先を探すように」としたためられていた。中川さんによる役員会への提案は、井上さんがイタリアへ留学して5ヶ月がたち、機が熟したと判断してのことだろう。

井上さんが、スカイラインスポーツのデザイン委託先としてジョバンニ・ミケロッティ氏（以下ミケロッティ）を推挙するのは、1960年3月29日のこと。デザイン委託先を探すよう指示した3月18日付の書簡がイタリアに到着するまでにはそれなりの時間もかかるはず。この、ごく僅かの期間にデザイン委託先を詰めることができたのには深いわけがある。

《ミケロッティに決定した経緯》

話は井上さんが留学する前に溯る。

井上さんは留学に先立ち、自らの研修先を真剣に探している。前述したJETRO産業意匠改善在イタリア研究員試験に合格すると、1959年（昭和34年）5月に来日したセルジオ・ファリーナ氏（後にセルジオ・ピニンファリーナと改名）を滞在先の帝国ホテルに訪ね、ピニンファリーナ社での研修受け入れを熱心に懇願している。残念ながら、ピニンファリーナから色よい返事は得られなかった。その後も、カロッツェリア・ツーリングやカロッツェリア・ギアに研修受け入れを打診した。

セルジオ・ファリーナ氏の来日時に直接交渉を行なったピニンファリーナの

他は全て書簡でのやりとりとなり、隔靴掻痒の感は拭えなかったことだろう。埒のあかない書簡でのやり取りを継続するより、不本意ながらも研修先は現地で手配することを選び、単身イタリアに向けて日本を発つのが前述のごとく11月1日。その後、とりあえずルドルフォ・ボネット氏のデザイン事務所で研修を開始することになった経緯も先に書いたとおりである。

ところが、ようやく研修を始めることができたボネット氏の事務所ではクルマをほとんど扱っておらず、したがって研修内容もレンダリング（★）の練習ばかりで井上さんが希望する実車原寸大の線図や正確な縮尺図面の作成方法を学ぶことはできなかった。

また、ボネットデザインのあるミラノには、他にもツーリングやツァガートといったカロッツェリアが存在するが、それらのカロッツェリアでも外板成型のほとんどをトリノの専門業者に発注している事実を知り、ミラノではなくトリノで学びたいとの思いを強くしていく。

そこで、ボネットの事務所で研修を続けながら、次の受け入れ先を探しはじめるのだが、当時もクルマのデザインは厳重に秘匿管理がなされており、日本から来た壮年の研修生は企業スパイと訝しがられ、受け入れようとする企業は

★註：この場合のレンダリングとは手描きのスケッチやイラストのこと。

皆無だった。この活動を通じて、井上さんは日本からの書簡のやりとりだけではわからなかった厳しい現実の壁にあらためて直面することになる。そのようななか、カロッツェリアとしては大手のひとつ、ギア（★）だけが受け入れの可能性を示唆する。

井上さんが１９６０年の３月19日にトリノに転居したのは、ギアでの研修可能性に賭けてのこと、いわば見切り発車であった。

この一連の活動のなかで、井上さんは、もし研修を受け入れてくれるならプリンスから業務委託も検討する、といった条件も提示している。ＪＥＴＲＯが持つ渡航枠で留学している事実にかんがみ、プリンスとしても、なんとか井上さんの留学の成果をカタチとして残せるよう配慮したのである。

この打診に対し、誇り高いイタリアのカロッツェリアは研修と業務委託は分けて考えたい、とし、研修生を受け入れて研修生とのコラボレーションで何らかの作品をつくることに対しては、どこもきわめて否定的な反応であった。

このような合わせ技の打診を行なったことにより、かえってピニンファリーナなど、特に歴史ある誇り高いカロッツェリアとの間には壁をつくってしまった感がある。

★註：カロッツェリア・ギア　ジアチント・ギアにより１９１５年設立。代表作はアルファ６Ｃ１５００、フィアット・バリラなど。戦後はデザイナー、ルイジ・セグレが加入。フォード、クライスラー、ＶＷ、ボルボなど外国ブランドを数多く手掛ける。ジウジアーロの在籍時代（１９６５-69）の代表作は、マセラティ・ギブリ、デトマゾ・マングスタなど。70年以降フォード傘下に。

以上からもわかるように、プリンス本社から、スポーツカーデザインの業務委託先検討を正式に依頼する書簡が届いた時点で、まだ井上さんは次なる研修先を探している最中であった。ギアだけは唯一研修受け入れ依頼に対する正式な回答を保留していたが、他は全て断わられていた。

この手詰まりにも思える状況下にあって井上さんが相談を持ち掛けたのは、ジオ・ポンティ教授から紹介され、最初に研修を引き受けてくれたルドルフォ・ボネット氏だった。この一事から、既にボネット氏の許を辞していたとはいえ、ボネット氏との良好な関係は堅持していたことが窺い知れる。常に対人関係を良好に保つ気遣いを怠らない井上さんの人柄を表わしたエピソードのひとつだろう。

井上さんからの相談を受けてボネット氏が推薦したのが、ジョバンニ・ミケロッティ氏であった。ちなみに、ギアから研修受け入れ不可との正式回答が舞い込むのは、井上さんがボネット氏からの紹介によりスカイラインスポーツのデザイン委託についてミケロッティと最初の打合せを行なった直後の3月31日のことである。

このように3月の段階では、まだデザインの委託先すら定まっていない影も

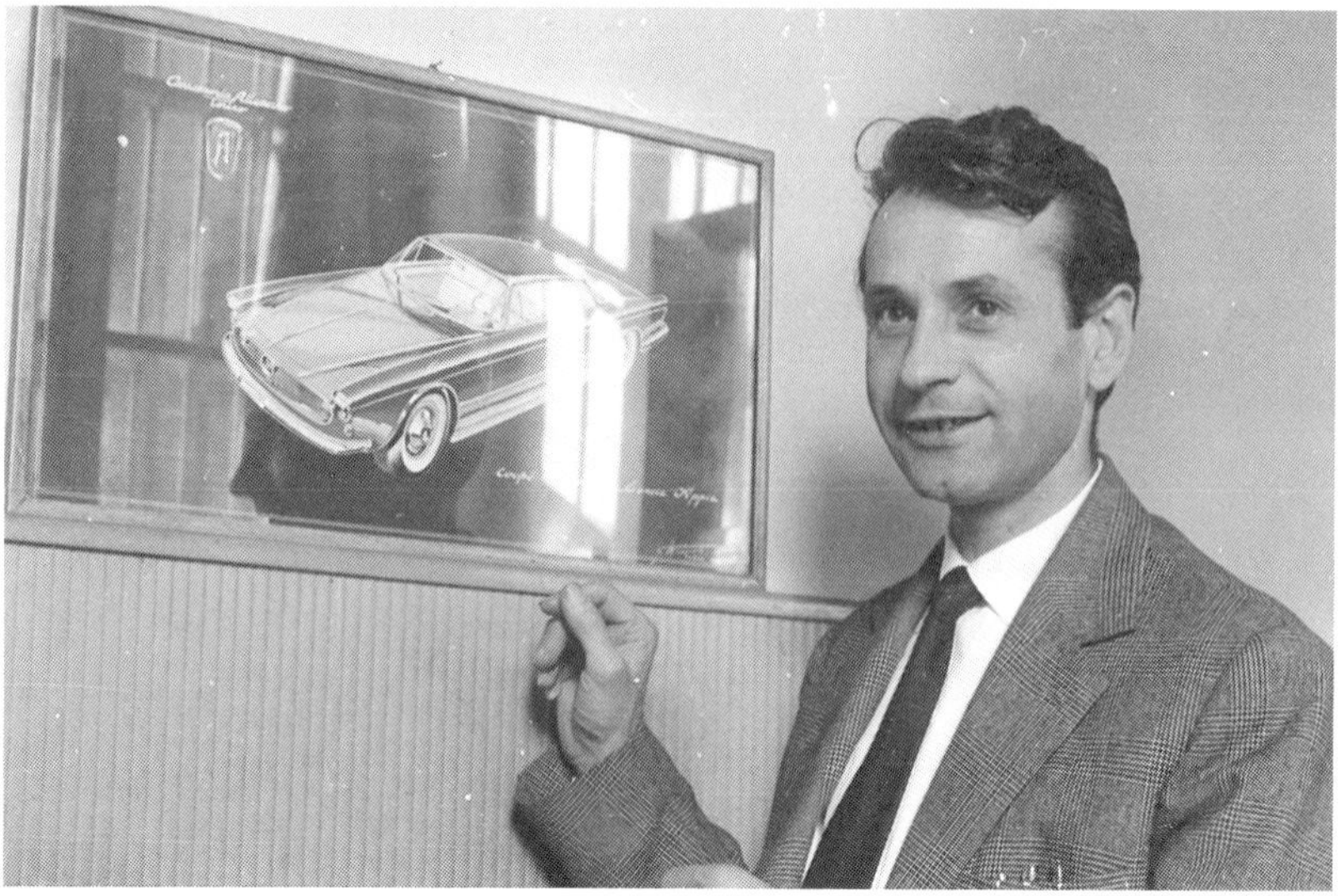

カタチもないクルマを、プリンス本社ではその年の10月から始まる東京モーターショーへ出品しようと考えていた。
　プリンス本社の無理な要望にこたえるには、まず短い期間でデザイン作業を進めることが必須となる。しかもデザインするのはスポーツカー。相談を受けたボネット氏は、的確な判断を下している。短期間でスポーツカーを仕上げるならミケロッティの他はない。ミケロッティであれば融通が利き、さまざまな面でプリンスとの相性も良いだろ

ジョバンニ・ミケロッティ氏。１９２１年生まれなので、１９０２年生まれの井上さんより20歳近くも年下である。スタビリメンテ・ファリーナから自動車デザイナーとしての歩みを始め、１９４９年に独立。多くの作品を残した。１９８０年没。

１９６０年７月４日、ミケロッティ氏と正式に契約を交わすプリンスの團伊能社長。場所はイタリアトリノ市、写真に写る井上さんのほかに、大倉商事の現地駐在員もこの場に同席した。團社長の蝶ネクタイ姿が、何とも粋である。

う。ピニンファリーナのような大きなカロッツェリアでは小回りが利かず、費用も高額になり、またプライドが高いので、プリンスとしては荷が重いのではないか、というのがボネット氏のミケロッティ推挙にあたっての弁である。

ところが、この後もひと悶着ある。井上さんからミケロッティを推挙する旨の書簡を受け取ったプリンスが難色を示した。4月4日付けで中川常務から井上さんに、デザインの委託先としてギア社が最適ではないか、との返信が送られてくる。

これを受けて井上さんも再度ギアと折衝するのだが、結局4月30日にギア側から、スポーツカー試作辞退の正式通知が井上さんにもたらされる。ギア社の辞退によりプリンスもミケロッティを了承。即日の4月30日、ようやくスポー

ツカーのデザイン委託はミケロッティに決したのである。

その後の詰めは速かった。５月９日にはミケロッティと仮契約を行ない、デザイン作業の準備に着手している。当初の日程では10月10日の完成を目指していたスポーツカー（以下スカイラインスポーツに統一）だが、１ヶ月弱もの空走期間のため、車両の完成はトリノショーぎりぎりのタイミングとなってしまった。

以上のような経緯で、スカイラインスポーツのデザインはミケロッティに託されることになった。尚、ミケロッティに対しても、プリンス本社の意向で、井上さんとの共同デザインとすることはできないかとの打診がなされているが、ミケロッティはこの申し入れをきっぱりと断わっている。

《スカイラインスポーツのデザイン》

スカイラインスポーツのデザインそのものについても、いくつか判明したことがある。

残念ながらミケロッティから提案された初期のデザイン三案を、今回の調査

ミケロッティと図面を前に話をする井上さん。この時の井上さんの立場はクライアントである。後ろの図面をよく見ると、この写真が撮影された１９６０年７月10日の時点ではヘッドランプは片側水平横２灯の計４灯か、通常のシングルになっていてキャッツアイ（斜め２灯）仕様の案はまだないことがわかる。ここでも恐らくライトとフロントグリルの配置に関する集中的な議論を重ねているのだろう。このような場面でも笑顔で話す井上さんが印象に残る一枚。

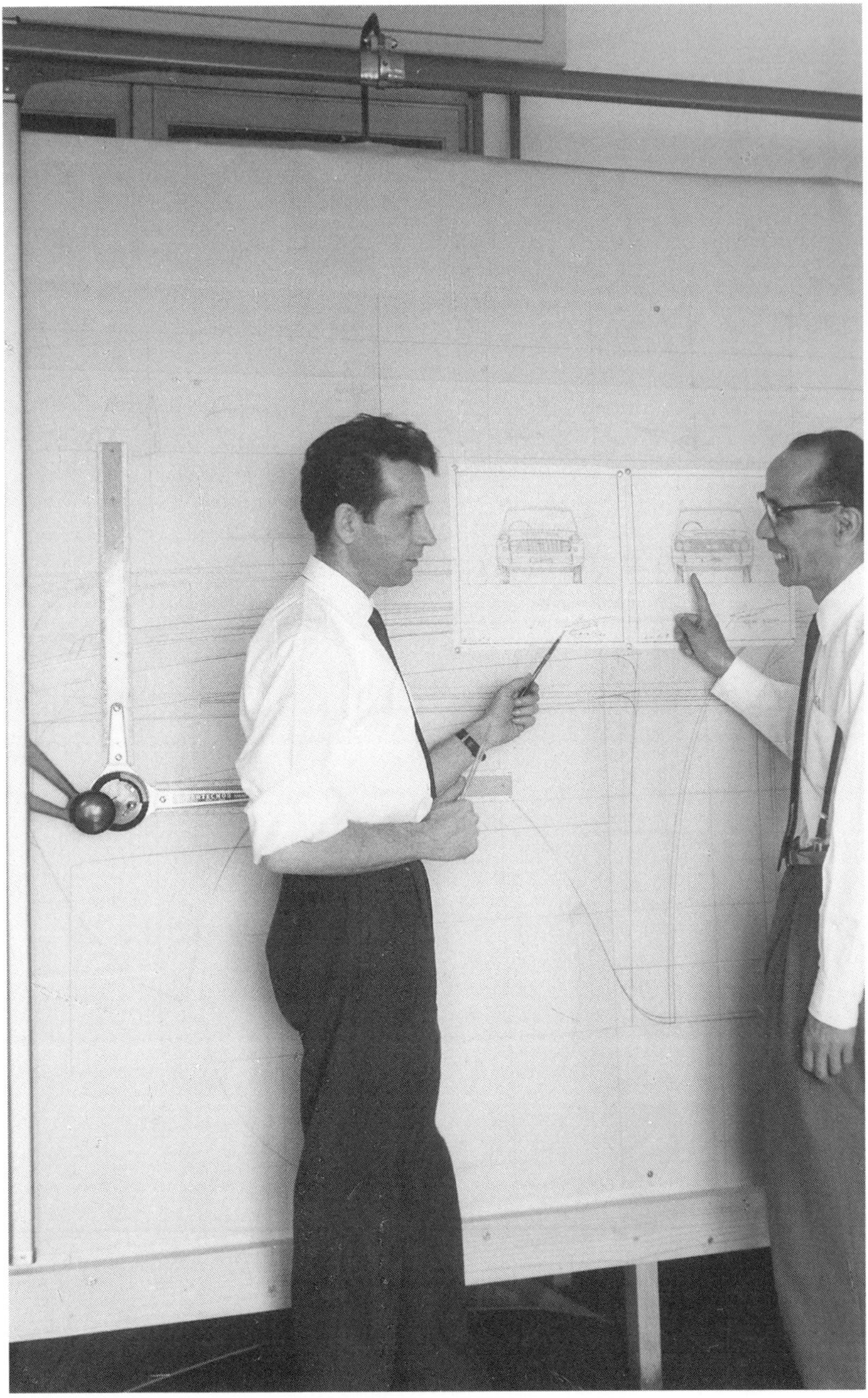

では発見することができなかった。ミケロッティが最初に描いたスケッチは二案。それらのうち、第1案はコンバーチブルに重点を置いたデザイン、第2案はクーペに重きを置いた内容である。プリンス本社とのやりとりを見ると、第2案はあて馬のような内容で、どうもハナから議論の対象になっていない。

ミケロッティも人の子、デザイン作業は初期の予定通りには進まなかった。心配する井上さんに少しでも安心してもらおうと、ミケロッティはデザイン作業の途中でデッサンを見せている。進行中のふたつの案を見せられた井上さんは、その場でミケロッティの求めに応じて意見を述べている。

このとき、井上さんがミケロッティに話した内容はヘッドランプの配置。ミケロッティはヘッドライトをシングル、および水平に配したデュアルで提案していた。

まず、シングルではなくデュアルに可能性がある、としたうえで、その配置についても意見を述べている。ヘッドライトを水平のデュアルとすると内側のライトに挟まれたフロントグリルの幅が狭くなる。これではのびやかなフロントエンドとはならないので、何とかふたつのライトを斜めに配すことはできないか。それがチャイニーズアイ、すなわち外側に切れ上がったデュアルライト

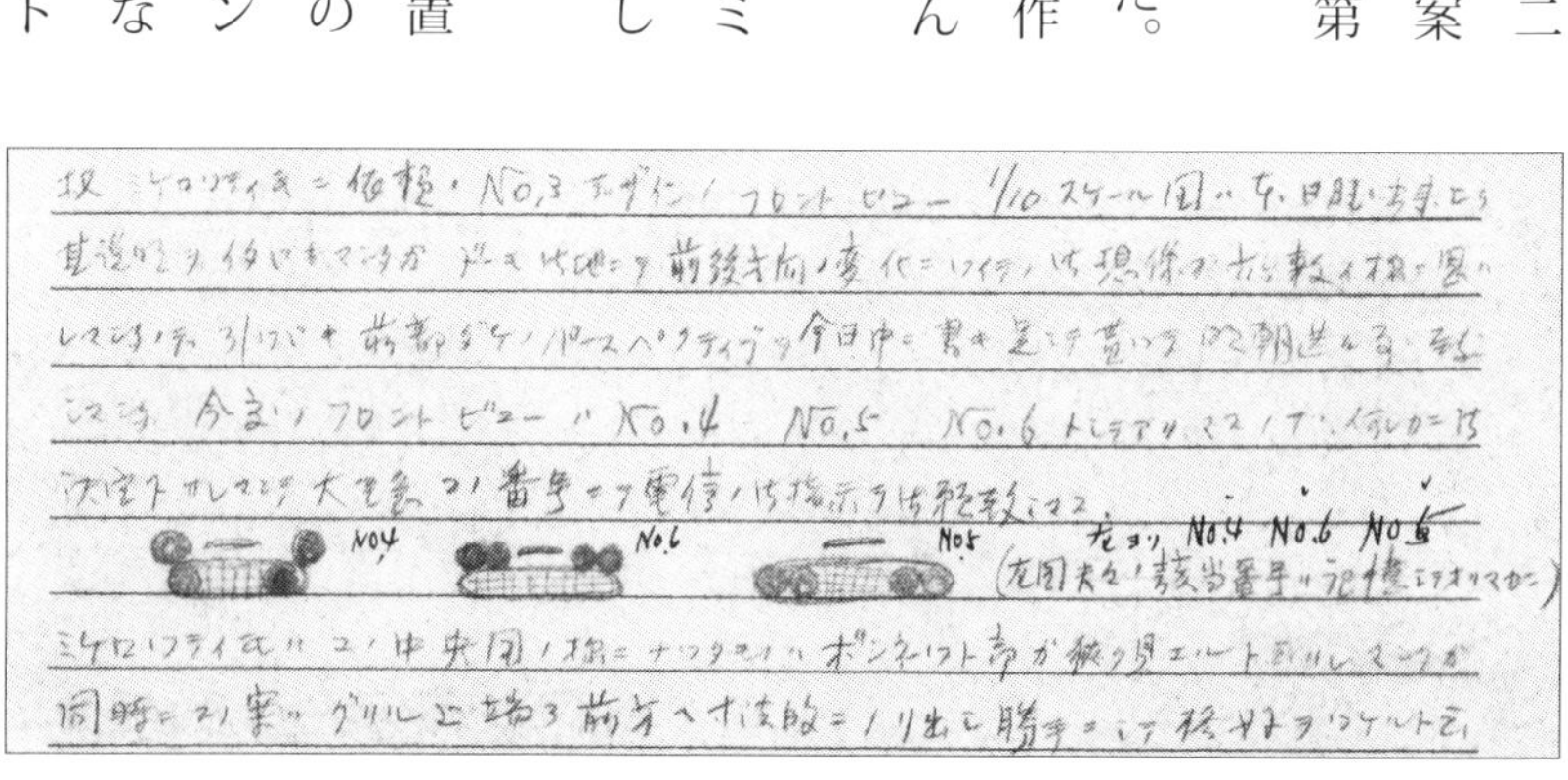

の背景にある考えである。もちろん、水平に配置されたデュアルライトは普通すぎてつまらないから、という理由も大きいのだが、そちらはミケロッティに対して伝えられることはなかった。このあたりの配慮も、実に細やかである。

蛇足ながら、井上さんの配慮について解説を加えると、締め切りを過ぎたデザインの現場では、たとえ温厚なミケロッティといえども若干は殺気立っている。そこにエモーショナルな視点の評論を加えることは避けた方が賢明。

水平のデュアルランプは普通でつまらないからチャイニーズアイで描き直すように、などとストレートに切り込むよりは、スポーツカーらしくするためにグリルをできるだけ広く大きく見せたい。そのためにチャイニーズアイの案も別案として描いてみてくれないだろうか、と依頼する方が、受けるミケロッティとしても気分がノリやすいだろう。

こうして新たに追加されたチャイニーズアイのモデルは、コンバーチブルを主体としてデザインされた第1案をベースにしている。時間的な制約もあって第2案ベースのものは描かれていない。ベースを第1案とすることまでを含め、井上さんのアイディアである。ミケロッティも素直にこの要望に応え、即座に第3案として仕上げている。

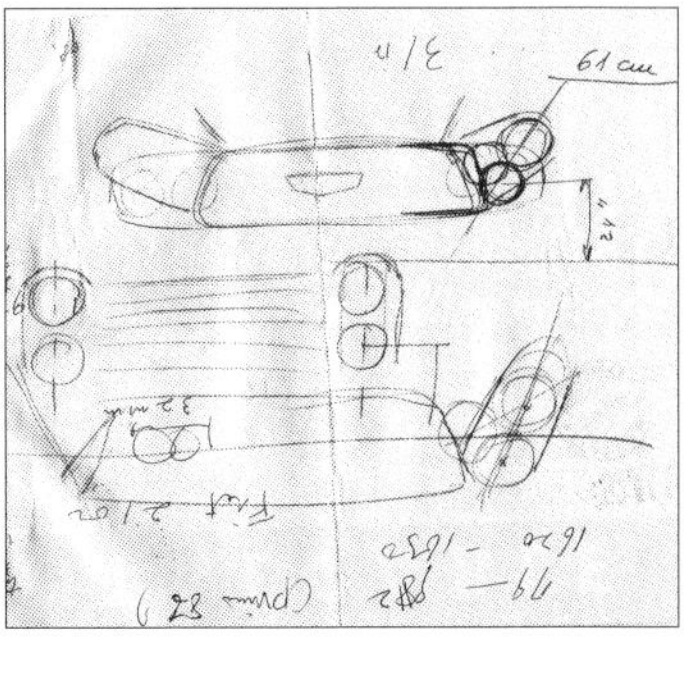

前ページ：7月10日付の井上書簡。井上さんはチャイニーズアイを推している。同日に撮影されたミケロッティとの写真（前ページに掲載）では、まだ水平に配置されたヘッドランプでデザインが進められていることがわかる。

右：ヘッドライトの配置について井上さんが検討している様子がうかがえるメモ。7月22日付の電報の裏に書かれている。フロントランプの配置はチャイニーズアイに決着するまで、6月末から8月の間にのべ10回以上もプリンス本社と井上さんの間で調整を行なっている。

ミケロッティのサインが入ったスカイラインスポーツのスタイリング画。おそらく、車両完成後に描かれたものだろう。フロントグリルにつけられたマークが、何とかPとは読めないよう工夫されたデザインに変更されるのは、トリノショー直前のことである。

ランチア・アッピアコンバーチブルのカタログ。1959年にランチアのカタログモデルになっている。ミケロッティは自身の作品のなかでこのアッピアコンバーチブルが気に入っていたようで、スカイラインスポーツをコンバーチブル主体にデザインを考えるようプリンスから依頼されると、即座に、アッピアコンバーチブルをベースにデザインを進めたい、と申し出ている。プリンス本社に対する井上さんの丁寧な説明も奏功し、この提案は了承され、スカイラインスポーツが誕生するのである。

結局、プリンスが採用したのは井上さんが関与した第3案である。井上さんは自らのプリンスデザインにおける経験から、オーソドックスよりも、斬新であることがプリンスの志向するデザインなのだと熟知していた。プリンスのデザイン部署で苦労を重ねた井上さんならではの判断といえるだろう。

なお、第3案、および、第1案の基本となるデザインモチーフは、ランチア・アッピアコンバーチブルに準じたもの。このことは、ミケロッティ本人から井上さんに告げられ、プリンス本社にもそのとおり報告されている。スカイラインスポーツはコンバーチブルが命。コンバーチブルを主体にデザインしてほしい、とのプリンス側の意向に沿ったデザインだったことが窺われる。

《無理のある日程》

話は前後するが、当初、東京のプリンス本社（当時の社名は富士精密）では、

前述のようにスカイラインスポーツをその年の10月24日から開かれる東京モーターショーに出品することをもくろんでいた。しかし、時間が足りない。当時の日本では、欧州人が夏に長いバカンスを取ることなど考えてもいなかった。それに、たとえバカンスを返上したとしても、時間は全く足りないのである。何度も書いているように、プリンス本社からデザイン業務委託先を検討するよう依頼のあった3月18日時点で、スカイラインスポーツのプロジェクトは全くの白紙状態。しかも、その後のごたごたで、結局デザイン作業に着手するのは5月過ぎになってしまった。クルマをつくるということは、委託先を決め、デッサンを描き、デザインを決め、線図をおこし、木型をつくり、ボディをたたき、組み立てて架装する、ことである。しかもイタリアで作業するためには、ベースとなるシャシを日本からイタリアへ運ぶ必要がある。それだけでも、手続きを含めて相当の時間がかかる。そもそも、国外でクルマをつくるためには、外貨割当に関する諸手続きが必要で、外貨の割当を得ないことにはイタリアにおける諸作業を正式に着手することができない。しかも、当時の外貨事情から、外貨割当を得るのはそれほど容易なことではなかった。

全てがつつがなく進み、クルマが完成しても、完成車を東京に送るのには相

★註：カロッツェリア・アレマーノ。セラフィーノ・アレマーノ氏が1928年に開業。孫で後継者のマリオ・アレマーノ氏もミケロッティ同様スタビリメンテ・ファリーナで修業した経験をもつ。ミケロッティ、アレマーノ、ヴィニアーレはファリーナ繋がりで、わたしは勝手にファリーナシンジケートと呼んでいる。写真はフィアット・アバルト850クーペ（アレマーノ）。

応の日数を要する。10月に東京で展示するとなれば、遅くとも9月いっぱいには車両製作の全てが終わっていなければならない。これらを冷静に考えれば、東京モーターショーへの出展はさすがに無理というものだろう。

一方、スカイラインスポーツのデザインをミケロッティに依頼することが正式に決まると、同時に車体を組み立てるカロッツェリアも決まった。それはカロッツェリア・アレマーノ（★）という著名な工房である。

ただし、この決定にも実は時間がかかっている。最初に井上さんがミケロッティに話を持ちかけた3月末の時点から、ミケロッティは実際にクルマを試作するカロッツェリアにあたりをつけ始めている。当初ミケロッティが声をかけたのはカロッツェリア・ヴィニャーレだった。ところが、ヴィニャーレはこのオファーを断わっている。続いて打診したのがカロッツェリア・モンテローザ。モンテローザもこの話を断わり、ミケロッティが最後に頼ったのがカロッツェリア・アレマーノだった。

アレマーノの主、セラフィーノ・アレマーノとジョバンニ・ミケロッティは、ミケロッティがピニンファリーナの前身であるスタビリメンテ・ファリーナに勤めていた頃からの旧知の仲である。ミケロッティが12年間勤めたスタビリメ

ンテ・ファリーナから独立した１９４９年には、共同でカロッツェリアを立ち上げたりもしている。そのカロッツェリアは残念ながら３ケ月ほどで解散しているが、とにかく古い仲であることに変わりはない。

アレマーノがミケロッティの依頼を引き受けたことで、ようやくスカイラインスポーツにも光明がさすことになる。

実は、これよりも前に別途井上さんもカロッツェリア・アレマーノに対して研修受け入れの打診を行なっていた。アレマーノはその依頼をはっきり断わっている。カロッツェリア・アレマーノの起用はミケロッティの計らいによるものだが、ミケロッティからアレマーノの名を聞いた井上さんは、内心複雑な思いだったことだろう。

面白いことに、ミケロッティ自身も似たような思いをすることになる。ミケロッティからの試作依頼を断わったカロッツェリア・モンテローザが、アレマーノからの依頼は断わり切れなかったらしく、結局、ミケロッティのデザインはアレマーノ＋モンテローザで試作されることになったのである。

更に、アレマーノ自身も、後に複雑な思いをすることになるのだが、その詳細は次項に譲る。


ここで簡単にカロッツェリア（車体工房）が行なう作業をまとめると、大きく分けて次のようになる。
①デザイン作業
②木型を製作しボディパネルを製作する作業
③パネルなどをシャシ（車台）に架装する作業
これらの作業は分業化が進んでいて、①と③は元締め（大工で言えば棟梁）のカロッツェリアが行ない、②は外注されることが多い。

スカイラインスポーツの場合は、①がミケロッティ、②がカロッツェリア・モンテローザ、そして③がカロッツェリア・アレマーノ、で進められた。家を

井上さんのアルバムに貼られていたアレマーノ氏の写真。写真の下の文字も井上さんによるもの。後ろに写っている紳士はランチアの重役、バッサーノ氏か。

つくる場合にたとえるならば、ミケロッティは設計者、アレマーノが棟梁、カロッツェリア・モンテローザは大工といった役回りになっている。

突貫工事を行なうために鍵となるのは、②の木型とボディパネル製作を請け負うカロッツェリア・モンテローザ（★）である。ミケロッティから原寸大の線図が上がるのが7月上旬。そこから木型とボディをたたくとなると8月いっぱいは作業に没頭してもらわなければならない。ところが、8月はバカンスのシーズンで、カロッツェリアに限らずイタリア中が休暇をとってしまうのだ。

★註：カロッツェリア・モンテローザ。１９４６年に始まるボディ工房。スカイラインスポーツでは、アレマーノを棟梁とすれば大工のような役割。更にこのモンテローザの下請けとして、本文ではあまり詳しく触れていないが、ラミエラ・ラボラチョーネがある。カロッツェリア・モンテローザは主宰の名をとってカロッツェリア。サルジョットと呼ばれることもある。

《スカイラインスポーツの恩人》

スカイラインスポーツをクルマとして完成させるために重要な役割を果たした人物がもうひとりいる。その名はジョルジョ・サルジョット。１９１５年生まれのイタリア人である。１９４６年（昭和21年）に設立されたカロッツェリア・モンテローザを引き継いだ工場長（オヤジ）で、後に何度も来日することになる。

スカイラインスポーツを製作するにあたり、棟梁たるカロッツェリア・アレ

写真中央がカロッツェリア・モンテローザを率いるジョルジョ・サルジョット氏。7月5日はまだ團社長がイタリアに滞在している。家族全員がキチンとした身なりをしているのは、おそらくこの場に團社長を迎えているからであろう。

トリーノ市　カロッツェリア　モンテローザ
工場長　サルジョット家
7-5-'60

マーノは以前からボディーパネルの仕事を依頼していたカロッツェリア・モンテローザに、夏休み返上の突貫作業を依頼するのだが、当初はきっぱりと断わられている。当時でもイタリアでは、15日以上の夏休みがあたりまえとなっており、サルジョットはこれを当然の権利として譲らなかった。

その状況を打破したのが井上さんである。サルジョットよりはひとまわり以上も年長の60歳にならんとする壮年が、家族と離れて単身、自らの意思で自動車のデザインを一から学ぶためにイタリアに留学している。まず、この事実だけでカロッツェリア・モンテローザのオヤジ、サルジョットは大きく心を動かされてしまった。残されている写真からも、サルジョットの情に厚い様子が偲ばれる。加えて井上さんの高島屋仕込の物腰。サルジョットにとって大きなクライアントであるアレマーノからの夏休み返上依頼を断わったサルジョットだが、井上さんからの依頼は断わり切れなかったようだ。サルジョットは夏休み返上で仕事を請け負うことを約束し、スカイラインスポーツのプロジェクトは一気に進むことになる。まさに、サルジョットはスカイラインスポーツ誕生の恩人なのである。この進展には、アレマーノ自身もさぞ驚いたことだろう。

以上の経緯から、アレマーノも井上さんに一目置くようになる。その後、井

井上さんがアレマーノ氏から紹介されたバッサーノ一家。バッサーノ氏はランチアの重役。中央は、トリノショーでプリンスブースを盛り上げたマリーザさん。

上さんはサルジョットだけでなくアレマーノとも家族ぐるみのお付き合いを始めている。アレマーノ家、アレマーノ氏と親しいランチアの重役だったバッサーノとその一家、そしてバッサーノ家の娘で日本に憧れを抱くマリーザさんらと井上さんが一緒の写真が何枚も残されている。このことが縁となり、マリーザさんは1960年11月のトリノショーにおいて、スカイラインスポーツの傍らに和服で立ち、イタリアのグロンキ大統領をお迎えしたりすることになる。

ちなみに、このマリーザさんとは、後にイタル・デザイン宮川秀之氏の夫人となる方である。プリンスは単なる自動車デザインに留まらず、さまざまな意味で日本とイタリアの掛け橋となっている。

《ギリギリの完成・スカイラインスポーツの諸元》

話を元に戻そう。

結論から言えば、スカイラインスポーツは1960年（昭和35年）の東京モーターショーには間に合わなかった。委託先選定のごたごたもあり、そもそもが無理な日程だったのである。スカイラインスポーツのプロトタイプはコンバー

井上さんとバッサーノ家、アレマーノ家の人々。井上さんのすぐ横がマリーザさん。後方の紳士は左がアレマーノ氏、右がバッサーノ氏。この写真からも井上さんが家族ぐるみの付き合いの輪に加わっていた様子がうかがえる。

チブルとクーペの2台が製作されている。それぞれの完成は、11月3日に始まるトリノショーぎりぎりのタイミングで、プライオリティーの高いコンバーチブルが10月29日。おまけ扱いのクーペにいたっては11月3日、ショー当日の早朝にようやく完成した。

当初、トリノショーに展示するスカイラインスポーツは1台だけの予定だった。コンバーチブルのみで、クーペは製作する予定すらなかった。予算や展示スペースの都合から1台を展示するのがやっと、それすらプリンス本社では消極的な意見が多かったのである。

そもそも、トリノショーへの出展を決めるまでにひと波乱おきている。トリノショー出展申し込みの期限は5月15日。日本の自動車メーカーとしては開かれた視野を持つプリンスだが、5月16日の時点でも、トリノショー出展に関し社内に反対の声が上がっていた。中川さんの尽力により、ようやくトリノショー出展の全社的了解が得られたのは5月25日のこと。即刻プリンスからトリノショー事務局に電報で出品の意思表示をし、滑り込みセーフでトリノショーへの出展が決まった。

急転直下、トリノショーへの出展が了承されたのは、おそらく次のような経緯によるものだろう。5月26日に発信され、5月31日に井上さんの許に届けられた中川さんの書簡には、トリノショーへの出展がOKとなったことのほかに、2台目となるクーペの製作に内諾する旨が書かれている。中川さんがトリノショー出展に渋る一部のプリンス役員を説得できたのは、東京モーターショーにも展示できるよう努力することを表明したからだと思われる。

トリノショー出展の反対派は、11月3日から始まるトリノショーに出展すると、10月25日から11月7日までの東京モーターショーには出品できない、というのがその論拠。それに対して中川さんは2台を製作して1台を東京、もう1台をトリノで出品してはいかが、と詰め寄った。ここまでくると、1台だ、いや2台だといった内容そのものより、中川さんの気迫に負けての了承だったのだろう。

このような状況だったので、少なくとも7月6日の時点まで、プリンスではトリノは1台のみの展示、との案に固執することになる。

頑なに1台展示に拘泥するプリンス本社を、丹念に説得し続けたのは他ならぬ井上さんである。東京が間に合わない以上、何とかトリノにコンバーチブルとクーペの2台を展示したい、それが井上さんの強い希望だった。ただし、最初から東京を諦めたのではと台の製作にOKも出ない。難しいかじ取りだったことが窺われる。

トリノにおける2台展示について、大倉商事の果たした役割も大きい。井上さんが円滑にイタリアにおける留学生活を送るために不可欠な日本からの送金引き受けや居住場所の手配など、現地におけるサポートをプリンスは大倉商事に依頼していた。まず、現地の大倉商事がトリノショーでプリンスにあてがわれていた30平米のブース面積を40平米に増やすことに成功。それを受けてプリンスも、團伊能社長の最終判断により2台の展示を承認する。これは、同じイタリアにいて井上さんのそれまでの苦労を直視してきた大倉商事ならではの努力が実を結んだもの。結果論的には、大倉商事という外圧を利用したカタチで、2台展示に正式なゴーサインが出るのは、7月25日のことである。

中川さんにとって、スカイラインスポーツはまずコンバーチブルありきだった。めざましい動力性能が期待できない以上、スポーツカーらしさを体現するのはコンバーチブル以外にない。また、井上さんにあてた書簡には、対米輸出を視野に入れた場合、コンバーチブルのプライオリティーが高い、と記している。この時点で輸出を考慮し、スポーツカーの市場は米国、米国で売るならコ

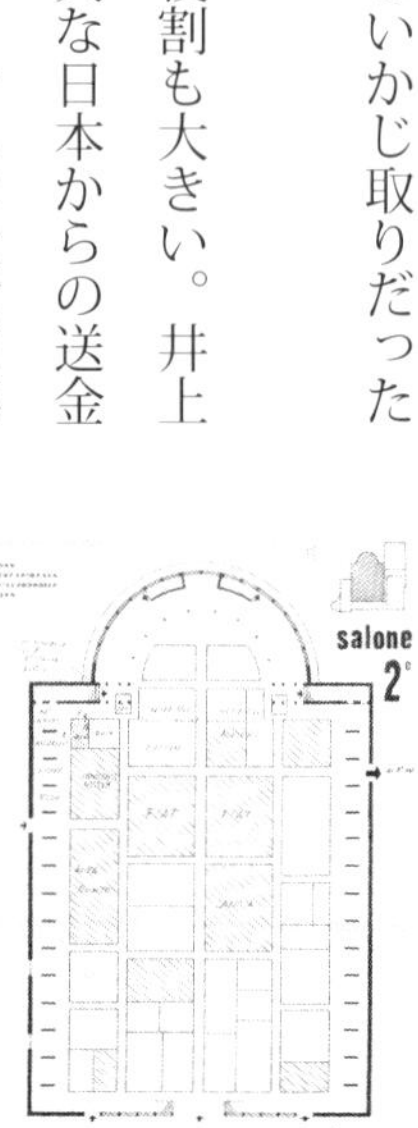

トリノショーのコマ割り図面。左上に位置するプリンスのブースは面積こそ小さいものの、動線的には恵まれた位置にあることがわかる。隣はD・K・W・、ランチアやアルファロメオなどとも近い好立地である。

左がフロントグリル用に当初デザインされていたプリンスのエンブレム。右がトリノショーの展示車に実際につけられていたエンブレム。既に完成していたエンブレムを後から加工し、なんとか最小限の変更で「P」とは読めないように苦労した様子がうかがえる。

ンバーチブル、と明言するあたりにも中川さんの卓越したセンスが感じられる。

尚、クーペの製作自体については6月27日の時点で中川常務により正式に承認されている。したがってクーペの仕様は、諦めずに提案し続けた井上さんのアイディアが色濃く反映されることになる。中川さんの関心は徹頭徹尾コンバーチブルに向けられていた。

スカイラインスポーツに関するプリンス本社の意向は細かい点にまでおよび、コンバーチブルを第一優先とすることだけでなく、外板色やエンブレムなど、詳細な指示が出されている。

コンバーチブルの車体色を白にするよう指示したのも中川さんである。白は日本の色。トリノショーに置かれるプリンスのクルマには日本のナショナルカラーを塗りたい、というのがその理由。一方、クーペの外板色が青に落ち着いたのは井上さんの提案を中川さんが了承したからである。コンバーチブルが日本を表わす白ならば、もう一台のクーペはイタリアを表わす色にしたい、というのが井上さんの考えだった。これを中川さんも了承。コンバーチブルは雨の多い日本市場には適さない。日本ではクーペが主流になるだろう。東京モーターショーでの出展を考えた場合、クーペはイタリアらしい色で仕上げておきたい。

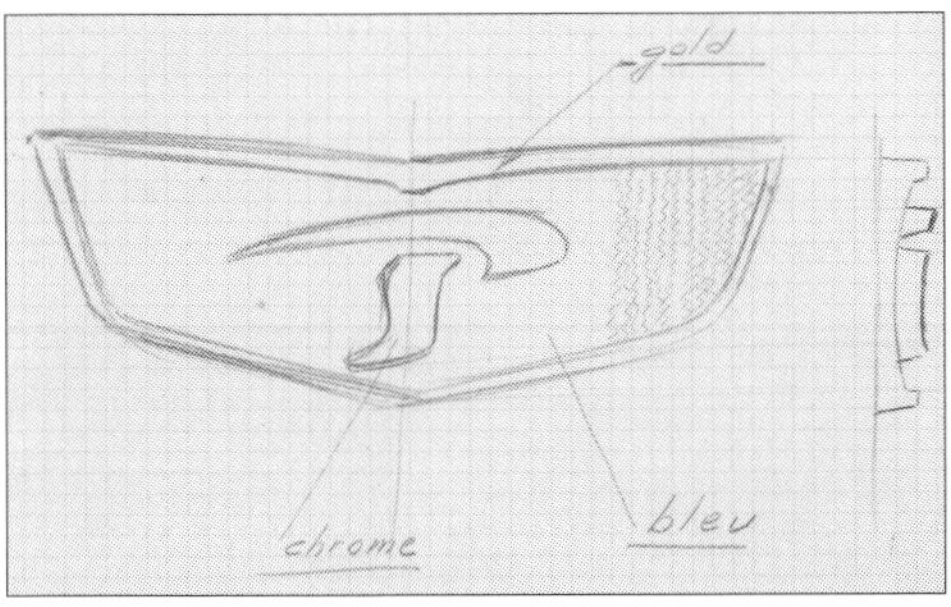

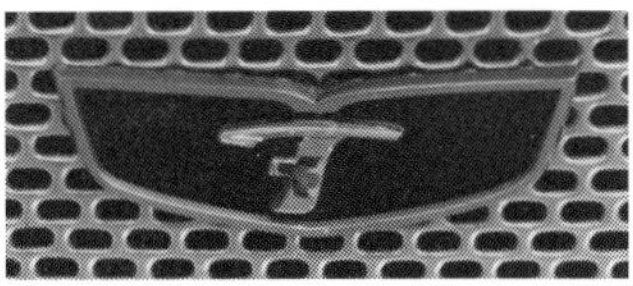

これが井上さんの提案を了承した5月26日付の書簡に中川さんから付記された意見だった。

ここでイタリアだけでなく日本も表わすことになる赤を選ばなかったのは、イタリアに敬意を払ってのこと。井上さんはクーペもコンバーチブルと併せてトリノショーに展示することを最初から常に念頭に置いていた。イタリアを代表する自動車の中心トリノで、まだ無名な日本のメーカーが展示するスポーツカーの塗色を赤にするには、躊躇があったのだろう。

スカイラインスポーツが纏った青は、普通の青ではない。提案者の井上さんによれば、イタリアはカプリ島の海の青をイメージしたものなのである。その名もカプリブルー。この選択にも、井上さんの教養と分別が滲んでいる気がする。

ちなみに1961年の東京モーターショーに出品されたプリンス三鷹分工場製スカイラインスポーツの車体色は、満を持しての赤である。

細かな仕様に関しては様々な問題が起きているが、なかでも大変だったのは車名であるプリンスの扱い。1960年時点はちょうど西独（当時）のNSU（★）と「プリンス」の商標について係争中であり、プリンスがトリノショーに出展することを知ったNSUは即座にトリノでもプリンスの名を使用しない

★註：後にアウディに吸収されるNSUも1960年当時は独立した企業で、主力製品のひとつにプリンツがあった。1958年にプリンスが北米の複数のモーターショーで初代スカイラインを展示した際、NSUは自社の製品であるプリンツとプリンスが紛らわしいとして、北米では車名であるプリンスの使用を控えるよう申し入れている。1960年の時点で、この問題はまだ係争中だったのだが、プリンスのトリノショー出展を知ったNSUが、トリノにおいてもプリンスという名称の使用は控えるよう電話と文書で申し入れてきたのである。

よう、電話で申し入れてきた。ＮＳＵは当初米国市場における自社製品プリンツとプリンスが紛らわしいとして、プリンスの商標使用に関し係争していたが、その火種がトリノにまで及ぶことになってしまった。

このことが井上さんに知らされたのは、２台の試作車の完成も迫った１９６０年10月20日のことである。トリノショーまで２週間を切っている。既にエンブレムその他、プリンスを示すものは完成済。ただでさえ殺気立っている作業現場だが、プリンス本社からの要望を受けてギリギリの彌縫策を施すことになる。

まず、左右のフェンダーに貼り付けられたプリンスのエンブレム。これらは両サイドともカロッツェリア・アレマーノのエンブレムに交換された。苦労したのがフロントグリルのエンブレム。既に出来上がっていたＰの文字を象ったものを後加工し、プリンスのマーク風を装いつつ、何とかＰとは読めないように工夫するのが精いっぱいだった。

このようにしてつくられた２台が、カロッツェリア・アレマーノで組み立てられたスカイラインスポーツの全てで、生産車は後述するようにプリンスの三鷹工場で組み立てられている。

火種の素になったＮＳＵプリンツ。

スカイラインスポーツのプロトタイプ2台がトリノショー出展の後、日本に凱旋するのは年が明けた1961年(昭和36年)春のこと。当時のプリンス社員は、イタリアのカロッツェリア製のクルマを目の当たりにして、さぞワクワクしたことだろう。日本で生産されることも決まり、1961年夏にはイタリアからハンドワークを教えるため、サルジョット以下4名のイタリア人職人が来日する。サルジョット一行は、6ヶ月かけてプリンスの現場を指導した。後にプリンスが天皇の御料車を完成させることができたのも、サルジョットらイタリア職人による手わざの伝授があればこそである。

右：プリンスブースに訪れたグロンキ大統領。写真左下には井上さん、中川さんの姿も写っている。

上：グロンキ大統領をお迎えするマリーザ・バッサーノ嬢。中央で笑っているのは鈴木駐伊大使。マリーザさん、和服がとてもよく似合っている。この写真、写っている人のほぼ全員が笑顔。関係者の苦労もこの1枚の写真でさぞ癒されたことだろう。

6月22日：プリンス中川常務より井上さん宛電報。デザインは井上さんの助言により追加された第3案に決定。

6月24日：プリンス中川常務より井上さん宛電報。デザインは第3案である旨の確認と、不当に高くなければ、クーペを加えて2台製作も可。

6月27日：カロッツェリア・アレマーノより、2台製作の見積もり。1台あたり800万リラ。2台で1600万リラ。同日プリンス本社、2台製作を了承。

7月4日：ミラノ市において、プリンス團伊能社長とミケロッティの間で契約書に正式調印。大倉商事犬丸支店長、井上さん同席。井上さん、團社長にトリノショー2台展示を直訴。ブース面積的に無理がなければ、と結論に含み。この時点のプリンスブース面積は30平米。

7月6日：プリンス企画本部第二企画課高岸課長より井上さん宛書簡。トリノショー2台展示は放念するよう促す。

7月7日：プリンス中川常務より井上さん宛、トリノショー展示は当初予定通り1台とする旨の書簡。

7月10日：ミケロッティ、スカイラインスポーツの原寸図を完成。

7月11日：木型製作開始。

7月19日：日本から送られたグロリアのシャシ2台分がジェノヴァ港に到着。

7月25日：大倉商事ミラノ支店より関係者に書簡発信。トリノショーのブースを30平米から40平米とすることに成功。團社長2台展示を了解。

8月1日：木型完成。カロッツェリア・モンテローザにてボディ外板の成型開始。

8月4日：プリンス中川常務より井上さん宛書簡。フロントデザインについては詳細を一任する。

8月11日：プリンス企画部第二企画課高岸課長より井上さんあて書簡。8月10日の常務会で、スポーツカーの名称をプリンス・スカイラインスポーツとする旨決定。

8月29日：カロッツェリア・モンテローザにてコンバーチブルの外板成型、およびシャシ組付完了。ただし、未塗装。即日、カロッツェリア・アレマーノに搬入。

9月12日：カロッツェリア・モンテローザにてクーペの外板成型、およびシャシ組付完了。もちろん未塗装。即日、カロッツェリア・アレマーノに搬入。

10月29日：コンバーチブル完成。

11月3日：午前零時過ぎ、クーペ完成。即座にトリノショー会場に搬入。

同日：トリノショー開催。グロンキ大統領、鈴木駐伊大使と共にプリンスブースを来訪。

《スカイラインスポーツ：計画決定からトリノショー出展までの歩み》

せっかくなので、ここでスカイラインスポーツのイタリアにおける主だった日程を紹介しておこう。なかには本文に記した事柄もあるが、整理もかねてここにトリノショー展示までの概要を掲載しておきたい。

1960年3月18日：プリンス本社中川常務よりイタリア留学中の井上さん宛にスポーツカーのデザイン委託先を検討するよう促す書簡発信。

以下全て1960年

3月29日：デザイン委託先をミケロッティとするべく井上さんより返信。この時点で、デザインはミケロッティ単独、カロッツェリアについては未決。井上さんとの共作も不可。

4月4日：プリンス中川常務より井上さん宛、デザインおよび試作の委託先としてはギア社が最適との返信。

4月30日：ギア社より、プリンスからの業務委託を辞退する旨の正式回答。

同日：デザインおよび試作の委託先をミケロッティ＋アレマーノとすることをプリンス本社も了承。

5月9日：ジョバンニ・ミケロッティを井上さん、大倉商事ミラノ支店犬丸支店長の二名で往訪。諸条件の打合せおよび仮契約。

5月14日：ミケロッティよりデザイン設計料の見積もり提示。代金は500万リラ。

5月15日：トリノショー出品手続き締め切り。

5月16日：中川さんより井上さん宛書簡。トリノショー出展に社内に反対の声あり。

5月25日：プリンスより電報にてトリノショーへの出展申し込み。（30平米・1台）

5月26日：プリンス本社より井上さん宛書簡。トリノショー出展OK。滑り込みセーフ。

6月3日：プリンス本社から井上さん宛電報。外資委員会認可、デザイン作業に正式着手OK。

6月13日：井上さんよりプリンス中川常務宛、ヘッドライトデザインをチャイニーズアイとしたデザイン案を追加するようミケロッティに依頼した旨報告。ミケロッティのオリジナル提案の1案、2案に続き、チャイニーズアイを第3案とする。

6月14日：井上さんより中川常務宛書簡。デザイン案に関する補足説明。第1案、第3案のデザインはコンバーチブル主体。モチーフはランチア・アッピア・コンバーチブル。

白い車体色のコンバーチブル。車両完成はトリノショー直前の10月29日。広報写真の撮影もあわただしく行なわれた様子が写真からもみてとれる。たとえばステアリング。ミケロッティの指示により、ステアリングは最終的にナルディ製が奢られている。ミケロッティ曰く、スポーツカーのステアリングはナルディによるマホガニー製のウッドステアリングでなければならない。写真でわかるように、メーターの配列も、後の生産車とは大きく異なっている。

トリノショー当日の午前0時過ぎに完成したクーペ。こちらは風光明媚な場所に持ち込む余裕もなく、アレマーノからショー会場の間にある適当な場所でそそくさと撮影されたようである。後に配布される広報写真や絵ハガキの写真は、これとは別に撮影されている。

《その後のスカイラインスポーツ》

イタリアでの役目を終えたスカイラインスポーツは、日本に送られることとなる。トリノショー終了後、クルマは暫くの間アレマーノの工房に置かれていたようだ。イタリアから日本に向けての通関業務に手間取り、トリノからジェノヴァに向けて陸路、鉄道で送られたのが1961年(昭和36年)1月13日。ジェノヴァ港で船積みされるのが1月16日。出航は1月18日だった。ジェノヴァから横浜までの海路を運んだのは、オランダ船籍のギーセンカーク(Giessenkerk)号。送り主はアレマーノ、宛先は東京のプリンス本社。担当した運送会社は、今日も存在するズスト・アンブロゼッティ(Zust Ambrosetti)社である。尚、日本での通関業務を円滑にするため、日本トレーディングのベイルート支社も仲介の労をとっている。

ちなみにジェノヴァから横浜までの輸送賃は6万3498リラ。これは、完成車2台と木型一台分の運送費である。

発送時、アレマーノが添付した伝票には細かな工夫の跡がみられる。日本における関税を節約するため、完成車2台の価格をそれぞれ800万リラと

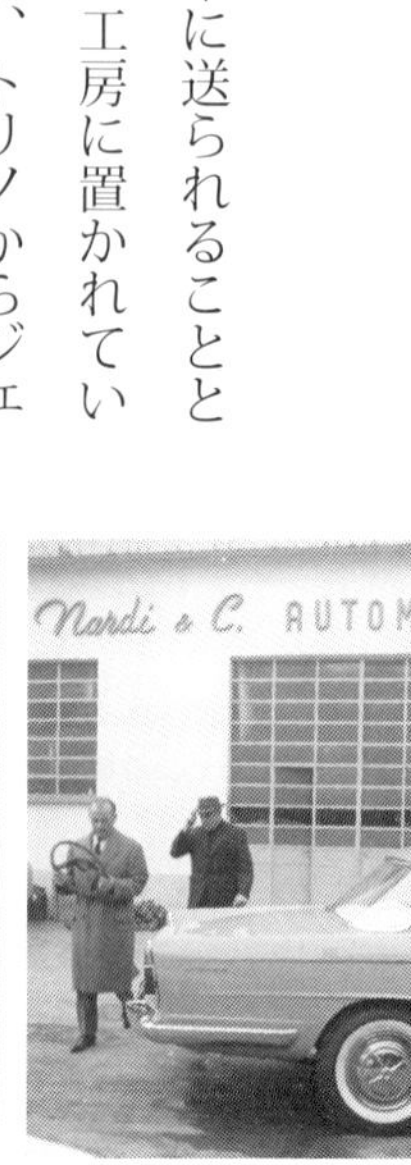

ステアリングのナルディ社の前で写真に収まる中川さん。アレマーノの姿も見える。中川さんがイタリアに到着したのは10月31日の23時50分。この写真は11月1日以降に撮影されたものだろう。

ナルディのステアリングを持ってスカイラインスポーツに向かうアレマーノ。

はせずに、500万リラとし、代わりに日本における製造に向けて同梱された木型が400万リラ、更に原寸大の線図を200万リラと細分化して記載している。
　アレマーノに支払われた総合計額は1600万リラで変わりないのだが、費用内訳の精査により、単にトータルコストを2台で割った場合よりも完成車1台あたり300万リラずつ低く計上することができた。結果として、当時、完成車に対して課せられていた高額な関税を、必要以上

トリノショー当日になってようやく完成したスカイラインスポーツクーペ。セラフィーノ・アレマーノ氏（右）の横に立つ長身男性はマリオ・アレマーノ氏か。車両にはこの時点で既にスカイラインと書かれた展示用プレートが装着され、ここからトリノショー会場へ急行することになる。

に支払うことは回避されたようである。費用精査を依頼されたアレマーノは、日本人は細かい、と感じたことだろう。

これらスカイラインスポーツ一式が横浜に到着後、無事に通関を終えてプリンスの手許に届くのは3月18日のこと。ジェノヴァを発ってから実に2ヶ月以上が経過していた。

イタリアで製作された2台のスカイラインスポーツが日本に到着して以降の話は、これまでにもかなり多くが語られてきているので、ここに再録することはしない。本書では、スカイラインスポーツを生産するためにプリンスの三鷹分工場内に設けられたスポーツ車課と、スカイラインスポーツそのものが日本のモータリゼーションに与えた影響を考察し、本項の纏めとしたい。

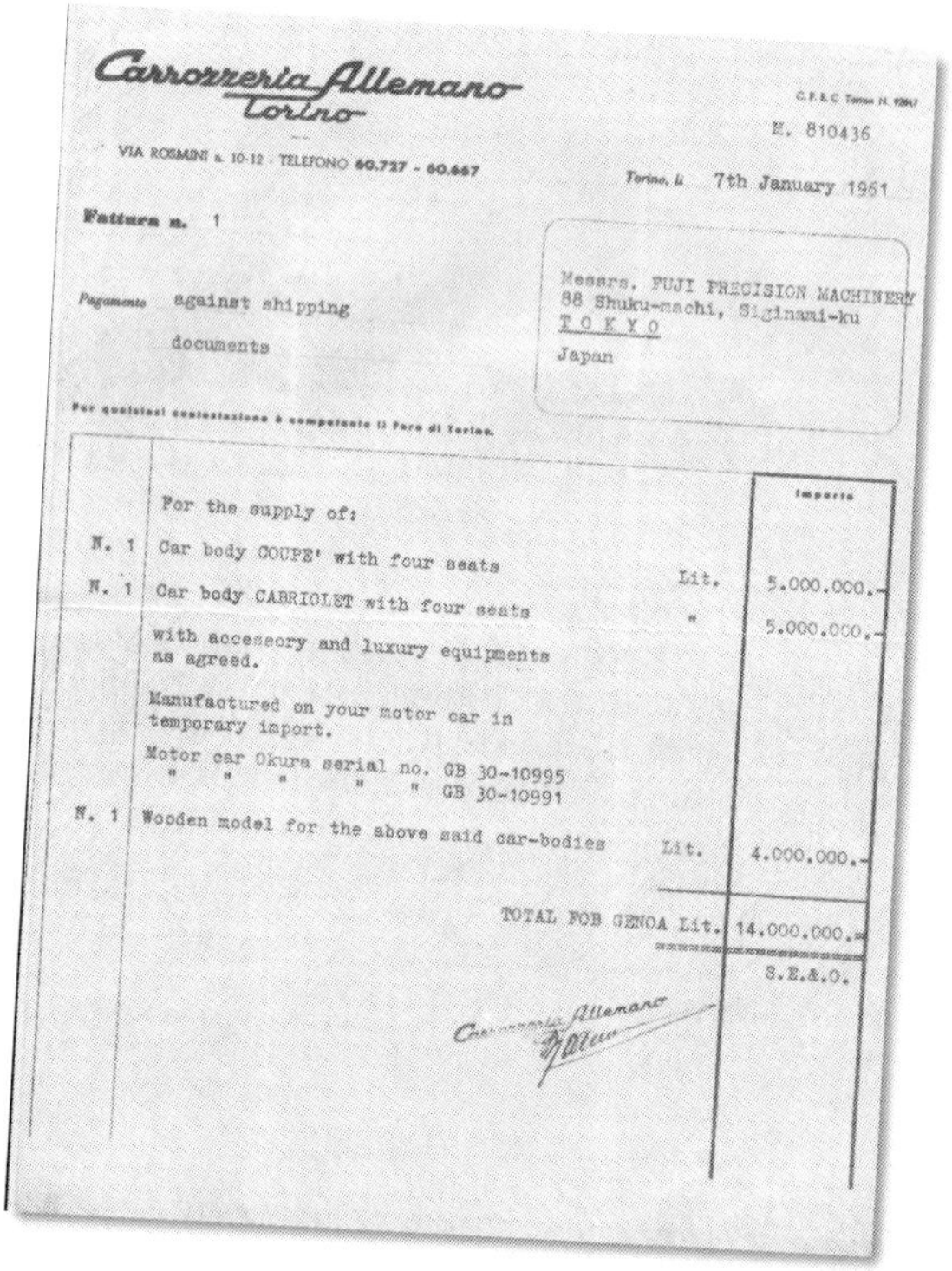

Carrozzeria Allemano
Torino

VIA ROSMINI n. 10-12 - TELEFONO 60.727 - 60.667

N. 810436

Torino, li 7th January 1961

Fattura n. 1

Messrs. FUJI PRECISION MACHINERY
88 Shuku-machi, Siginami-ku
TOKYO
Japan

Pagamento against shipping documents

Per qualsiasi contestazione è competente il Foro di Torino.

			Importo
	For the supply of:		
N. 1	Car body COUPE' with four seats	Lit.	5.000.000.-
N. 1	Car body CABRIOLET with four seats	"	5.000.000.-
	with accessory and luxury equipments as agreed.		
	Manufactured on your motor car in temporary import.		
	Motor car Okura serial no. GB 30-10995		
	" " " " " GB 30-10991		
N. 1	Wooden model for the above said car-bodies	Lit.	4.000.000.-
	TOTAL FOB GENOA	Lit.	14.000.000.-
			S.E.&O.

Carrozzeria Allemano

カロッツェリア・アレマーノ発行のインボイスの一部。完成車を台あたり800万リラとする代わりに500万リラとし、差額は木型を400万リラ、この他にフルサイズの線図代として200万リラを計上して帳尻を合わしている。

スカイラインスポーツの木型。後方の壁には同車の1／1（フルサイズ）線図が見える。木型の置かれた場所はカロッツェリア・モンテローザのようである。この木型が生産車の衝にもなっており、後にフロントフェイスは左右対称になっていないことが判明している。

《プリンス自動車工業スポーツ車課》

2台のスカイラインスポーツがプリンスに到着すると、即座にプリンス社員に向けた内覧会が開かれる。その場の盛り上がりに確信を得たプリンス上層部は、本格的にスカイラインスポーツの国内生産に向けて動き始める。

まず、イタリアで研修を続けていた井上さんに、彼が前々から打診していたイタリア人職人の日本派遣について、正式なゴーサインを出す。

同時にスカイラインスポーツの国内生産に向けて、三鷹分工場内にスポーツ車課という組織を立ち上げている。この組織はその名の通り、スカイラインスポーツを生産するためにつくられた部署である。

スポーツ車課は、スカイラインスポーツの製造に伴い、1961年7月から、ほぼ半年の長きにわたり日本に滞在したサルジョット一行の受け入れや、第一回グランプリなどモータースポーツへの参戦も担当することになる。

残念ながらスカイラインスポーツの販売は、高価格だったこともあって、冒頭にも記したごとく200台の計画に対して40台程度と低調。商業的に成功したとは言えない。また、プリンスらしくスポーツマンシップに則ってレギュレー

直列6気筒エンジンを搭載したスカイラインスポーツの試作車。ボンネットのエアスクープが識別点である。車上は当時のスポーツ車課の面々。スポーツ車課ではスカイラインスポーツに6気筒エンジンを載せるにあたり様々な机上検討を行なっている。そのひとつがエンジンルームを前後方向に拡大する案。最終的にスカイラインスポーツにはエンジンルームを拡大しなくても6気筒を載せられることが判明し、エンジンルーム拡大案は採用されなかったのだが、後のスカイラインGTでそのスタディが活かされることになった。

ションを遵守し、300万円ほどの低予算で取り組んだ第一回グランプリの結果も芳しくなかった。その結果、スポーツ車課は解散を命じられ、サルジョット一行によってもたらされたハンドワークによるクルマづくりの仕事は、後にプリンスロイヤルを製作する技術管理部試作2課に引き継がれていく。

特筆すべきは、スカイラインスポーツに6気筒を搭載したモデルが存在したこと。6気筒の搭載にあたり、エンジンルームを長さ方向で200㎜ほど延長する検討は、既にこの時になされている。後のスカイラインGTで有名になるフロント部分の延長は、当時のプリンスにとって、手法的に既知の内容だったのである。

《スカイラインスポーツの果たした役割》

これまであまり語られてこなかった内容を中心に、スカイラインスポーツが生まれた経緯は以上のようなものである。事実をまとめると、1960年（昭和35年）の3月にプロジェクトが産声を上げ、同年11月のトリノショーでデビュー。このプロトタイプは翌1961年春には日本に運ばれ、社内でのお披露目や小規模な展示に供されている。更にスカイラインスポーツの国産化に向

1961年10月24日から東京晴海で開催された第8回東京モーターショーの様子。まだ日本に滞在していたサルジョット一行も自分たちの指導成果を確認するため、会場を訪れている。発売は翌1962年4月。クーペでも185万円と、当時スタンダードタイプのクラウンなら2台が買えておつりがくるような高価格だったため、販売は低調だった。

プリンス三鷹分工場で完成した2台のスカイラインスポーツを囲んだ記念写真。中央付近には井上さんやサルジョットの姿も見える。この2台は第8回東京モーターショーに展示されている。

けてプリンスは1961年夏からイタリア人職人4名を招聘、カロッツェリアの技を学んだ。そうして完成した国産スカイラインスポーツは1961年秋の東京モーターショーに出展されている。

翌1962年春から、手作りによるスカイラインスポーツの生産車が市販されることになるのだが、当時としては破格の、クーペ185万円、コンバーチブル195万円という高価格から、200台の生産計画には遠く及ばず、総計で40台ほど、計画の1／5

程度しか売れなかったのが実情であった。

また、ガラス類など最初に200台分＋補修用をまとめて発注していた部品もある。しかもサルジョット達の交通費、滞在費、給与など、スカイラインスポーツは収支だけをとってみれば完全な失敗作と言わざるを得ない。

欧州的な合理性を尊ぶプリンスには成果主義も根付いていたと見えて、市販のスカイラインスポーツを手掛けたスポーツ車課は解散させられることになる。

しかし、どうだろう。

今日まで、イタリア人デザイナーの手になる日本車は数え切れないが、スカイラインスポーツは、その先駆けとして日本とイタリアを結ぶ道を切り拓いたことになる。

イタリアから招いた職人頭のサルジョットはいたく日本が気に入り、その後も来日を繰り返している。そして、ついには日本人の妻をめとり日本に住みついてしまう。そんなサルジョットもさすがに最晩年は帰国し、1999年4月、イタリアで亡くなっている。

初代のいすゞ117クーペ（★）は、サルジョットが技術指導した賜物のひとつ。プリンスロイヤルも、サルジョットから継承した技法でつくられている。

★註：いすゞ117クーペ　ジウジアーロがギア社に在籍していた時にデザインし1966年のジュネーブショーに発表された。1968年からの生産にあたり、当初、いすゞではボディをハンドメイドしていた。その指導にあたったのがサルジョット。1961年に初来日して以来、サルジョットにとって、日本は忘れられない国になっていた。

そして、何よりの功績は、当時の戦後復興一辺倒で殺伐とした日本社会へ、嗜好品としてのクルマ、情緒価値、文化価値としてのクルマのあり方を示したことであろう。

スカイラインスポーツの陰には、男たちの熱い情熱と、それを支える社風があったことを忘れてはならない。

現在の経済状況は厳しい。特にクルマを取り巻く環境は厳しさを増している。そんなときだからこそ、初心に還って先人たちの生きざまに思いを馳せ、数値では語ることのできない文化的な価値や貢献について考えてみるのも良いのではないか。スカイラインスポーツを目にするたび、わたしはそのように思うのである。

第２章
プリンス自動車工業とイタリア

《エピソード2　CPRB――小型スポーツカー構想》

これからお伝えするCPRBについて、これまで正確な話がとりあげられたことはほとんどない。それはこのクルマが、CPRBというコードネームのまま、社内試作車として全く公表されることなく闇から闇に葬られてしまったからである。しかしながら、CPRBは先にとりあげたスカイラインスポーツと、この後のエピソードで紹介するプリンス1900スプリントの両車と密接に関係している。まずは唯一の車両名称であるCPRBを手掛かりに話を始めよう。

《DPSK・CPSK――国民車構想による試作車》

CPRBよりも先に、DPSK、CPSKのコードネームがついた試作車が存在する。CPRBのベースとなっているクルマで、これらは通産省の国民車構想に呼応するカタチで開発された車両である。ここで簡単に国民車構想と、プリンスの国民車が計画された背景に触れておきたい。

１９５５年（昭和30年）５月18日に新聞で報道された、当時の通産省（現経済産業省）による「国民車育成要綱案」が通称国民車構想と呼ばれるものである。同構想では左記を満たせば国が援助を行なうとしていたが、実際に支援が行なわれることはなかった。同構想に謳われた主な条件は次のとおり。

●乗車定員４名
●エンジン排気量３５０～５００cc
●定員乗車で１００km／h走行が可能
●販売価格25万円以下
●燃費は30km／ガソリン1リッター　以上（60km／h走行時）
●月産３０００台以上

早速この構想に基づいて富士自動車工業がスバル３６０を開発、市販する。スバル３６０の開発が決まった経緯にも、プリンスとの因縁が強く感じられる。

中島飛行機を母体とする組織と、立川の組織がまだプリンスとして一体化する前の話。旧立川飛行機であるたま自動車の資金と依頼により旧中島飛行機の

スバル３６０。

富士精密が１５００cc エンジンＦＧ４Ａを開発し、完成を見るや富士精密は同胞である富士自動車工業（後の富士重工）にもこのＦＧ４Ａを供給しようと画策する。富士自動車工業もその申し出に応え、Ｐ１と名付けられた乗用車の開発に着手。ところが、たま自動車の出資した資金で開発された１５００cc エンジンが、たま自動車にとっては縁もゆかりもない富士自動車工業に供給されようとしている話が周知となり、たま自動車は富士精密に猛抗議。この話は白紙撤回されてしまう。

以上は先にも書いた通りだが、期せずして１５００cc の乗用車計画を失った富士自動車工業が代わりに全力で取り組んだのがスバル３６０。このようにスバル３６０の誕生の陰には、プリンスとの因縁が少なからず存在するのである。

１９５８年（昭和33年）に市販されたスバル３６０をまとめた中心人物は百瀬晋六氏。プリンスの中川さんにしてみれば、百瀬氏は中島飛行機時代の配下にあたる。スバル３６０が市販化されたのとほぼ同時にプリンスが国民車の開発に乗り出す背景には、スバル３６０の存在自体が大きく影響している。

元々はプリンスとの因縁で生まれたスバル３６０だが、次はプリンスに国民車開発の火を焚きつける。工業製品にも輪廻転生のようなものが感じられてならない。

背景話はここまでにして、話をＤＰＳＫ・ＣＰＳＫに戻そう。まずは、プリンス初期の車両記号についてプリンスセダンと初代スカイラインを例に簡単にふりかえる。プリンスセダンの車両記号はＡＩＳＨ、初代スカイラインはＡＬＳＩである。

最初の文字Ａはエンジン型式。この場合はプリンス初のガソリンエンジンであるＦＧ４Ａが搭載されていることを示している。ＡとはＦＧ４ＡエンジンのＡなのである。蛇足を承知で復習すると、ＦＧ４ＡのＦは富士精密、Ｇはガソリン（エンジン）、４は気筒数。そしてＡがエンジンモデル名である。

続くＩやＬはシャシ。ＬよりはＩの方がアルファベット順で若いので、ＡＩＳＨの方がシャシ年次として古いことがわかる。

その次のＳは車型を表している。Ｓはセダン（サルーン）で、箱型のボディであることを示す。

最後のＨ、およびＩはその前のＳとセットになっていて、ＳＨであればセダンのＨ番目のボディ、すなわち、セダンとして８番目のボディ、ＳＩであれば、セダンとして９番目のボディである。

さて、まずはDPSKだが、これはD型エンジンを搭載し、Pタイプのシャシを用い、セダンとしてK＝11番目のボディを持ったクルマということになる。このDPSKは、前述のような背景からプリンスが開発した小型セダンで、D型エンジンとはFG2D、空冷水平対向2気筒エンジンのことである。排気量は601cc、24馬力を4500回転で発生した。しかし、どうにも振動が大きく、このままでは商品にならないと判断したプリンスは、即座にFG4C、599ccの水平対向4気筒エンジンに換装して開発を進める。これがCPSKである。

このFG4CエンジンはFG2Dを上回る38馬力を6200回転で得ることができた。ちなみにCPSKの車両サイズは、全長が3280㎜、全幅1380㎜、全高1370㎜、ホイルベース（以下W／B）1950㎜であった。

DPSK、続くCPSKともに試作車が完成し走行実験も進められていた。ところが、結局プロジェクトそのものは中止となってしまう。開発中止の最終判断は石橋正二郎氏によるもので、もちろん市販化までに要する50億円ともい

艤装が施された「SK」のデザイン提案用スケールモデル。当時プリンスはSKの参考用にフィアット600を購入していたが、フィアットの面影はない。どことなく三菱500を彷彿とさせるデザインだが、この時期、まだ三菱500は発売されていない。グロリアでもシボレー・コルベアとの類似性が指摘されたことのあるプリンス、関係者によれば、グロリアの場合もコルベアを参考にした事実はないようだ。

D
001959

こちらも「SK」のデザイン提案用のスケールモデル。まだ艤装前のクレイ削り出しの状態。背景には黒地に白インクで描かれたスカリオーネスタイルのデザインスケッチが見える。

こちらもＳＫのデザイン提案用スケールモデル。プレートにはＳの文字があるので、かなりの数のデザイン提案があったものと推察される。このモデル、前ページにあるＤ案のベースとなっているようにも見える。

われる多額の投資を避ける意味合いもあっただろうが、それだけでなく、後発メーカーとして競争戦略上プリンスらしさを大切にしたい、そのプリンスらしさとは高級車に専念することである、という強い信念に裏打ちされたもののようだ。

ちなみに、当時プリンスはＤＰＳＫ、ＣＰＳＫの開発のため、フィアット６００、フォルクスワーゲンビートルなどを購入し参考にしていた。

《１９６０年イタリア》

話は再びイタリアに戻る。今回の話は、ちょうどスカイラインスポーツのデザイン委託先がミケロッティに落ち着きそうな１９６０年の４月から始まる。

１９６０年（昭和35年）４月29日、この日は金曜日だった。当時のイタリアに花金なる言葉があったどうかは不明だが、週末を前にした金曜日の夕方、井上さんは意を決してある人物をその私邸に尋ねている。その人物の名はフランコ・スカリオーネ。スカリオーネはちょうどベルトーネを辞め、独立に向けた準備を進めている最中であった。

なぜ4月29日を選んだのか、については推察の域を出ないが、4月29日は天長節。明治生まれの井上さん、ここでは思い切りご利益を期待したように思えてならない。というのも、ボネット事務所での研修を皮切りにイタリアにおける留学生活を始めた井上さん。こと研修内容に関する限り、あまり満足できていなかった。イタリアに到着後も、新たな研修先を求めて、これはというところの門を散々たたいてきたが、どこも重い門戸が閉ざされたままだった。

フランコ・スカリーオーネ氏。この写真の様子をみると、黒い紙に白インクで描くレンダリングはいわば清書にあたり、清書までにはいくつもデッサンを重ねていたように思われる。スカリオーネはシャツのフロントボタンをやや多めに開けているところなど、いかにもイタリア人である。

見切り発車でボネットの事務所を辞し、頼りにしていたギアから断わられてしまった井上さんにとって、まさにスカリオーネは最後に残された頼みの綱。スカリオーネを訪ねるときは、神に祈るような気持ちだったことだろう。それまでは、キチンと筋を通して研修の受け入れを依頼してきた井上さんだが、ピニンファリーナ、ツーリング、アレマーノ、ツァガート、スカリエッティ、ベルトーネ、ギア、そしてミケロッティと断わられ続けていた。そこで、スカリオーネに対するアプローチは、正攻法だったこれまでとは逆に、あえて不意を突くカタチで行なったのかもしれない。ただし、そこは周到な井上さんのこと、自らの研修にかける思いをイタリア語で書簡としてしたため、持参している。いわば、イタリア語で書かれたポートフォリオを作成していたのである。

この博打ともとれる大胆な行動が功を奏する。井上さんは無条件にスカリオーネの許で研修することを認められた。スカリオーネとしてもベルトーネは辞したものの、まだ独立の準備中で、自身初となるスタジオをどのようにするかも細かくは決めていなかった。そのような自分の姿を突然訪ねてきた井上さんの状況に重ね、思わず快諾してしまったのかもしれない。スカリオーネが実際に自らのデザインオフィス、ステュディオ・チゼイを発足させるのは、この日から3ヶ月ほど後の8月5日のことである。

1916年生まれのスカリオーネにとって、独立後最初の弟子は、ひと周り以上も歳上になる1902年生まれの東洋人だった。

《ステディオ・チゼイにおける研修》

1960年8月5日。井上さんはステュディオ・チゼイが開所したその日からスカリオーネのもとで研修を始めている。4月29日にスカリオーネを往訪し研修生として受け入れてもらうよう口説き落としてから3ヶ月ほどのブランクがあるが、これは井上さんにとって願ってもない好都合だった。

というのも、5月から8月にかけてはミケロッティにデザインを依頼したスカイラインスポーツに関連する業務が佳境をむかえたからである。その様子を再録すると、5月9日にミケロッティと仮契約。全体日程を組立て、まずその年のトリノショーに出展することを決めるのが5月25日。6月13日にはスカイラインスポーツのデザイン3案が完成、何度かのやりとりの後、プリンス本社では6月22日に3案からひとつを選びだす。試作の見積もりを重ねて、当初1

台の予定だった試作台数を2台に変更したり、トリノショーの展示も1台から2台に増やしたり、フロントのデザインをすったもんだのあげく手直ししたり、7月4日には團社長が来伊してミケロッティと本契約締結。その後もミケロッティが描く原寸大線図の様子などの学習で、実にあわただしい日々を送ったことだろう。

このような調子では、8月1日にサルジョットのカロッツェリア・モンテローザで木型が完成するまで、おそらく休む間もなかったものと思われる。

8月5日からスカリオーネのもとで研修開始、というのは、したがって井上さんにとって好適の日程だったのである。もちろん、スカリオーネのもとで研修を開始してからも、折々でスカイラインスポーツの進捗管理を行なっている。

イタリアに到着してから苦節9ヶ月、とにもかくにもようやく最大の研修目的だったフルサイズ線図の描き方について直接学ぶ機会を持つことができた。

《中川良一さんの訪問》

スカイラインスポーツが完成するまでについては前項に詳しいので、本項の

ステュディオ・チゼイにおける研修風景。スカリオーネの後方には1／1（フルサイズ）線図を仕上げるためのボードが設置されている。スカリオーネの普段の執務スタイルはこのようにネクタイなしのラフなもの。一方の井上さんは、ノーネクタイの写真を探すのが難しいほど、いつもきちんとした身なりをしている。

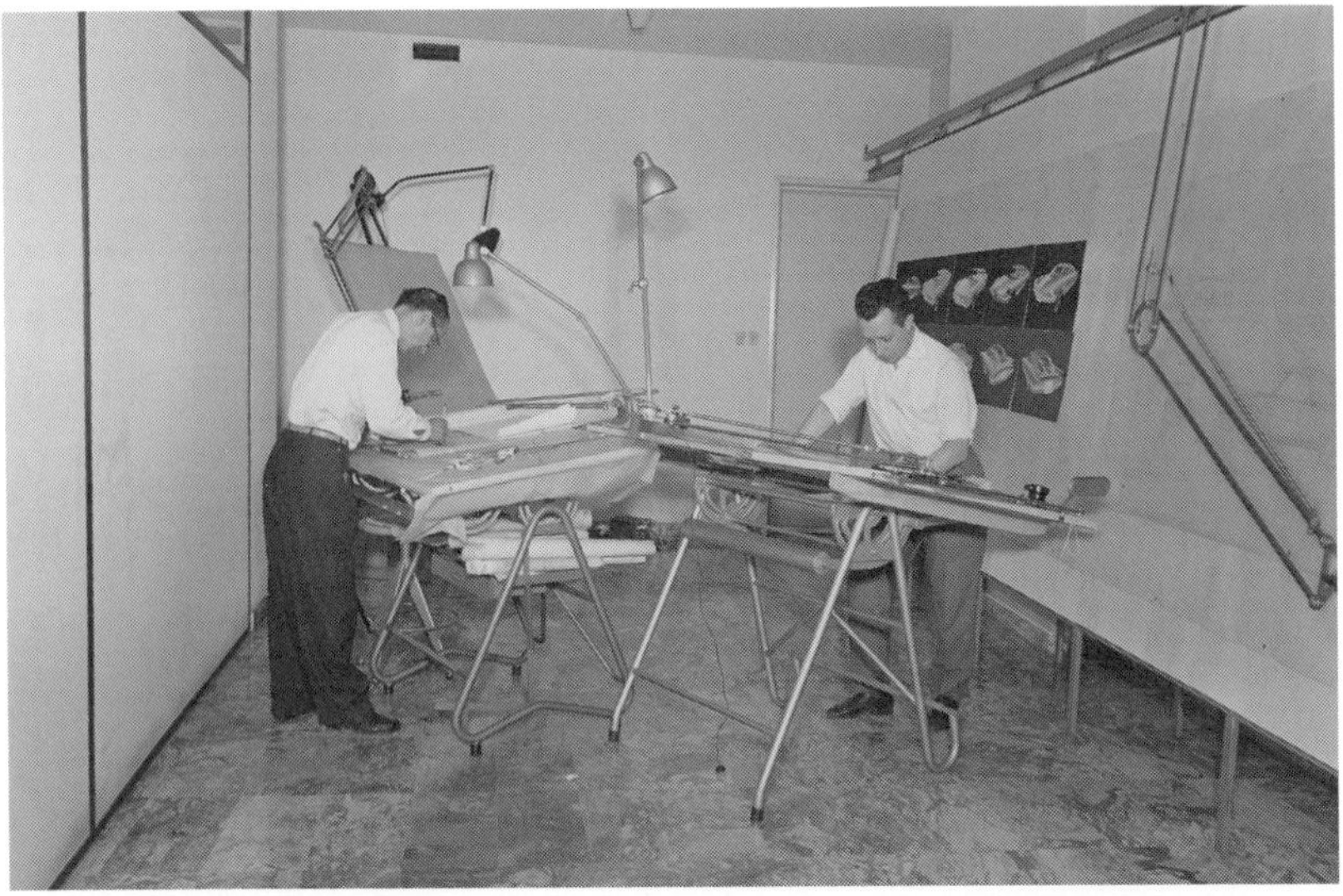

主題を急ごう。

1960年11月3日から始まったトリノショー。その視察のために中川さんがイタリアを訪れる。当初、プリンスからは團伊能社長がトリノショーに来訪する予定だったのだが、急遽中川さんがその代役を仰せつかったのである。

中川さんは11月15日にトリノを発って帰国の途についている。帰国する前日に中川さんはスカリオーネの許を訪れている。中川さんが抱いたスカイラインスポーツという夢の実現に大きく貢献した井上さんが、自らの力で切り拓いた研修先を、陣中見舞いもかねて視察しようというのが往訪の趣旨であろう。

スティディオ・チゼイと思しき場所で、スカリオーネと井上さんが並んで立っている写真はこれまでに何度か公開されている。その写真には常々、ある違和感を覚えていた。それはふたりが上着とネクタイを着用している点である。スカリオーネの執務する姿は何枚もの写真で残されているが、どれもネクタイなどしていない。一方、常にネクタイ着用の井上さんだが、写真では上着まで着用している。しかも、スカリオーネはネクタイとキチンとボタンまでかけた上着、という異例の盛装。

この写真に対して今まで抱いていた疑問は今回の調査で氷解した。

スカリオーネと井上さんのふたりがネクタイを着用している写真は、1960年11月14日に撮影されている。その日は中川さんがステュディオ・チゼイを訪れた日である。スカリオーネと井上さんが収まった写真は、セルフタイマーではなく、中川さんによって撮影されたモノだった。中川さんは当時、プリンスの常務取締役。井上さんにとっては大切な上司。

一方のスカリオーネだが、ビジネス上のプロトコールだけから形式的にネクタイを着

1960年11月14日、ステュディオ・チゼイを訪れた中川良一さんによって撮影された一枚。普段はラフな服装のスカリオーネも、この日ばかりはきちんとした恰好をして中川さんに対するリスペクトを示している。

用していたわけではなさそうだ。というのも、若き日のスカリオーネが目指したのは航空機の分野。ところが志半ばで第二次大戦に応招、ロンメル将軍の許で戦い、戦後はインドでの抑留生活を送ることになる。ようやく復員できたのはスカリオーネが30歳のとき。志望する航空機産業は既にイタリアから姿を消し、仕方なくクルマの世界に身を投じた。このような略歴から窺い知れるのは、栄や誉エンジンの天才設計者として知られる中川さんのことを、おそらくはスカリオーネ自身も私淑していたということである。写真のなかのスカリオーネの姿には、彼の中川さんに対する敬意を抱くさまが滲んでいるような気がする。

14日にステュディオ・チゼイを訪れた中川さんは、そこでスカリオーネからこれまでに携わった作品について説明を受けたものと思われる。そのなかで、NSUプリンツスポーツが中川さんの関心を引くことになる。

まずNSUというメーカー。当時はちょうどプリンスの商標をめぐり、係争の真只中である。それだけでも強く関心を抱いたことだろう。次いでそのプリンツというクルマそのものの成り立ち。プリンスで密かに進行中の国民車CPSKと近似するものがある。国民車をベースとしたスポーツという新たな可能性。スカイラインスポーツが一応のカタチとなり、トリノショーでのお披露目

これがNSUプリンツスポーツ。NSUプリンツというジいわば西独版国民車の車台にスカリオーネによるスポーティーなボディを載せた成り立ちは、中川さんに強いひらめきをもたらす素となったようである。

も済ました直後の中川さんに、次なるアイディアが生まれたとしても不思議ではない。

《国民車ベースのスポーツカー構想》

ステュディオ・チゼイにスカリオーネを訪ねた翌日の11月15日、空港までの見送りのため井上さんが中川さんの滞在するトリノのアストリアホテルに出向く。するとその場で中川さんから口述筆記をするように命じられる。その時に書き下ろされた内容こそ、後にプリンス1900スプリントに繋がるスポーツカー：CPRBの構想だった。その時に行なわれた口述筆記の内容は次のとおり。

●CPSKシャシを使用する

●エンジンは4C（4気筒空冷対向）をパワ

ーアップしたモノ。36～40Ps／5500rpm
●速度は120～130km／h
●ボディはスカリオーネ・井上の設計とせよ
●内容はNSUプリンツのごとし（★）
●クーペおよびスパイダーとする
●2ドア、4人乗り
●メーターは速度計、回転計がマスト
●地上高は150㎜～170㎜　追って決定
●他は一切を設計者に一任
●1961年1月より設計開始、4月には完成のこと

《スカリオーネデザインによる試作車CPRB》

いよいよ主題のCPRBである。
まずは、CPRBという車両記号から読み解ける内容をおさらいしておこう。

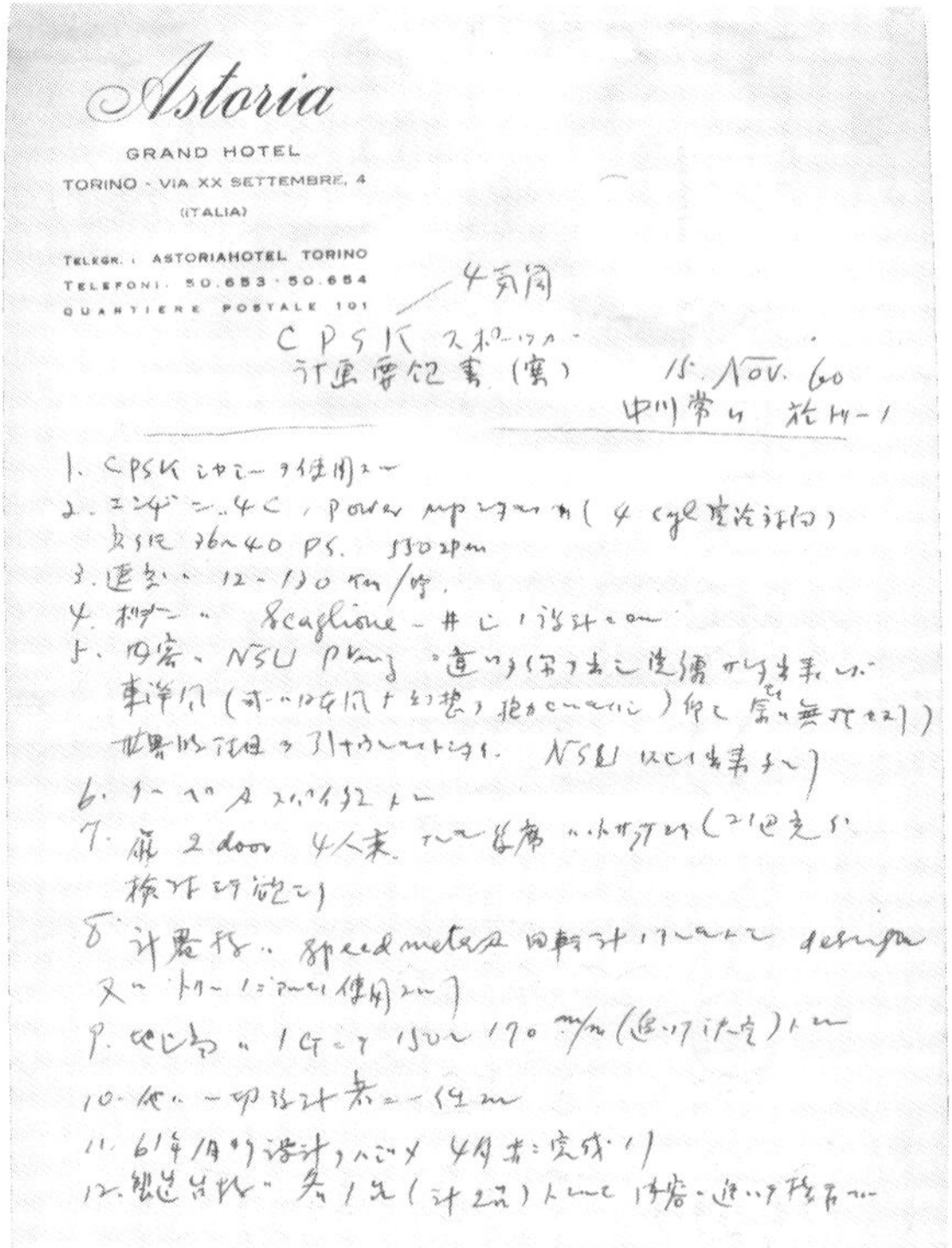

★註：NSUはプリンツというリアエンジン・リアドライブの国民車をつくっていた。プリンツをベースにしたスカリオーネデザインによるクーペがプリンツスポーツで、ここにあるNSUプリンツとはそのプリンツスポーツを指している。

最初の二文字がＣＰＳＫと同じということは、先に紹介したプリンス製国民車をベースにしていることがわかる。続くRはランナバウト、すなわちクーペまたはカブリオレ／スパイダーを指し、ＲＢとあるので、クーペボディとして2番目のクルマであることが知れる。プリンスにおけるクーペボディの最初のクルマはスカイラインスポーツで、車両記号はＢＬＲＡである。こちらはあらためて確認するまでもなく、初代スカイライン・グロリアの１９００ccモデル、ＢＬＳＩをベースにしたランナバウトであることを意味している。

１９６０年11月15日にトリノのホテルで口述筆記された最初の車両構想書の段階では、車両記号は決まっていなかった。正式にプリンスからスカリオーネにこのクルマのデザイン作業が依頼されるのは、１９６１年1月26日のこと。イタリアで製作された2台のスカイラインスポーツがイタリアから日本に向けて出荷されるのが１９６１年1月18日なので、スカイラインスポーツが無事イタリアから出荷されたとの報告を待っていたかのように、プリンスはスカリオーネに対し新たなスポーツカーデザインの正式な依頼を行なうのである。イタリアにスカイラインスポーツのある間は、井上さんの負荷を考え、新たな依頼を控えていたのであろう。この日程からも、イタリアでは井上さんが散々孤

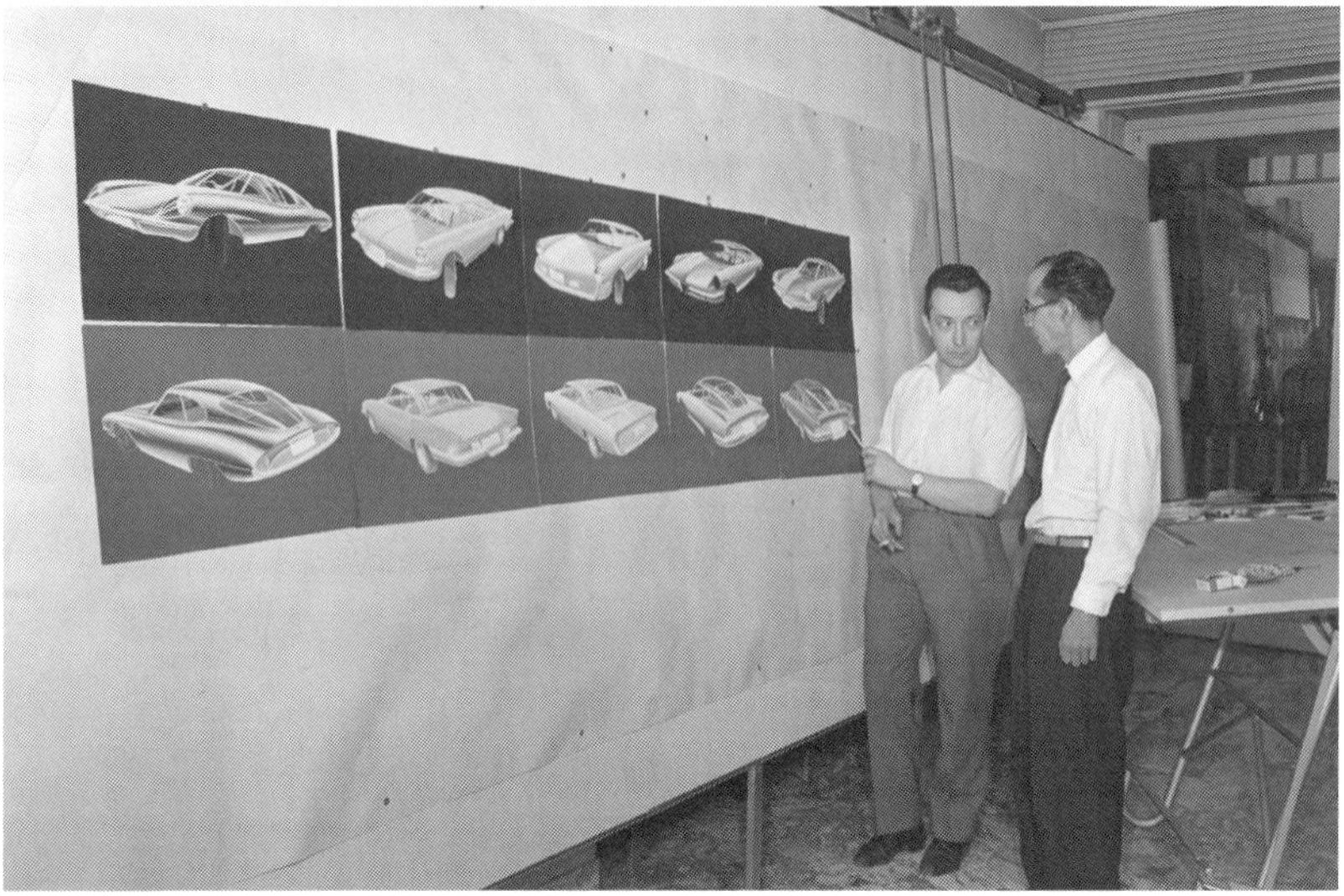

軍奮闘していたので、せめてふたつのことが同時に進行しないように、との中川さんの配慮が透けて見える気がする。

ステュディオ・チゼイにおける執務風景。張り出されているのはプリンス向けのレンダリング5案。この写真が撮影されたのは、ふたりの身なりからして、おそらく研修風景を撮った日と同じだろう。デザイン5案のうち、左端が決定案である。

プリンスからの正式な依頼を受けて、スカリオーネが提出した見積もりは、設計費700万リラ、試作車製作400万リラだった。結局、このクルマに関するイタリアでの作業は設計および木型の製作までとし、車両試作は日本で行なうことになる。その前提で木型費の100万リラを含めて総額700万リラをスカリオーネに支払うという契約に落ち着く。この契約そのものが締結されるのは1961年3月14日のことである。

尚、スカリオーネは契約の成立を待たず、3月6日から若干フライング気味にCPRBのデザイン作業を開始している。

その後のデザイン作業進捗はいたって速く、4月12日にレンダリング5案をプリンス本社に送付し、4月21日にはプリンス本社から決定したデザイン案が通知されている。この5案ものデザイン案は全てがスカリオーネの手によるものではない。スカリオーネのデザイン案に加えて、いくつか井上さんによるデザイン案が含まれている。決定されたデザイン案は、その中でも明らかにスカリオーネ色の強いものだった。

このように4月21日には採用するデザイン案が決定するのだが、当時、木型の製作に必須だった原寸図の作成にとりかかるのは、それから2ヶ月近くが経った6月11日とやや遅めである。それには理由がある。

後にスカリオーネが手掛けたランボルギーニ350GTVのレンダリング。ここでも黒地に白インクで描くスカリオーネスタイルが貫かれている。枠外の文字は井上さんによるメモ。

《イタリア人職人の日本招聘》

前述のごとく、CPRBは木型までをイタリアで製作することにし、ボディパネル以降、組み立ては日本で行なうことになった。それは、スカイラインスポーツを日本で生産することが決まったこととも関連している。

話は若干前後するが、スカイラインスポーツの製作日程は大変厳しいものだった。その日程を何とか乗り切ることができたのは、カロッツェリア・モンテローザのサルジョット工場長以下、ラサポラーナ、バローラ、ガイドという職人3名の尽力によるところが大きい。まずサルジョットのところでは、15日間という短時間でクーペとスパイダーの2台で共用する木型を完成させる。この時は連日突貫作業が続いたと井上さんの記録に残されている。その後も、カロッツェリア・アレマーノが8月6日から23日まで夏季休暇を取得したにもかかわらず、サルジョットはフル稼働。自らの工場だけでは足らないので、ラミエラ・ラボラチョーネという工房の応援も頼み、夏休み返上でスカイラインスポーツの外板を仕上げている。

サルジョットたちのこのような活躍を見てきた井上さんは、中川さんがト

夏休み返上で仕上げられたスカイラインスポーツのボディ。

リノショー視察を兼ねてイタリアを訪れるや早々にサルジョットを紹介。もしもスカイラインスポーツを日本でつくるような場合にはサルジョットとその職人たちを日本に招聘し技術指導を受けることが不可欠であると訴えた。

以上のいきさつから、スカイラインスポーツの試作車を仕上げるために突貫作業を厭わなかったサルジョットと現場の職人3名が、プリンスによって日本に招聘されることに決まった。この報が井上さ

中川さんがトリノショーに合わせて訪伊した際の写真。中央が井上さん、井上さんに向かって左隣がサルジョット、右端が中川さん。さすがに11月はイタリアでも寒い様子が写真からも伝わってくる。サルジョットの服装が、7月に園社長を迎えた際に家族で撮影された写真と同じなのが、いかにも職人らしくて微笑ましい。

んにもたらされるのは、1961年(昭和36年)4月1日のことである。

1960年11月に提案したイタリア人職人の招聘が、翌1961年の4月まで決まらなかったのは次のような背景による。

イタリアで造られたスカイラインスポーツが2ヶ月もの船旅の後、無事プリンスに届くのが1961年3月18日。さすがのプリンスでも、写真でしか見たことのないクルマについて生産・販売の断を下すことは難しかったのだろう。

その代わり、2台の試作車がプリンスに届くと即座に諸検討を進め、半月ほどの短時間でスカイラインスポーツの国内生産、および市販化、そしてその製造はイタリア人職人による指導で行なうことを決断している。このように、プリンスではスカイラインスポーツの国内生産を決めると同時に、併せてイタリアの職人を作業指導のために招聘することを決定した。スカイラインスポーツの国産化とイタリア人職人の招聘はセットだったのである。

井上さんの手記および関係者の証言によると、イタリア人4名を日本に招聘することが決まった後が大変だった。イタリア人たちにとってみれば、日本などどこにあるかもわからない未知の国。たしかに先の大戦を枢軸国として共に戦った盟友ではあるのだが、遠く離れ、言葉も全く通じない土地で長期間を過

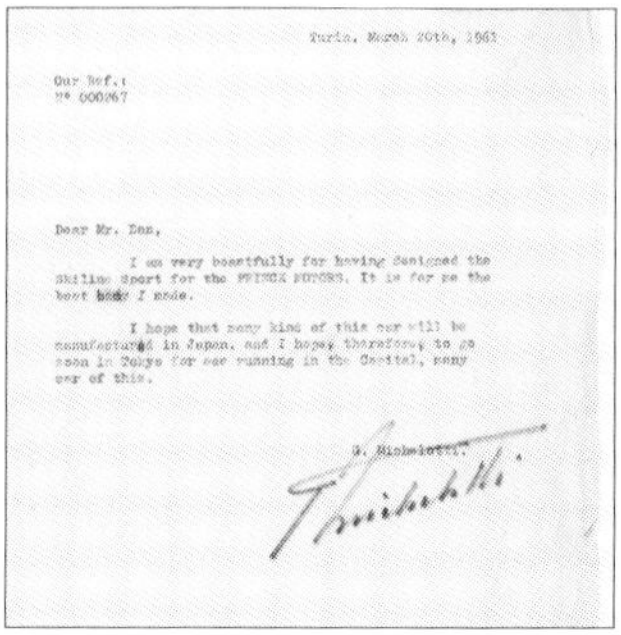
Turin, March 20th, 1961

Our Ref.:
N° 000267

Dear Mr. Dan,

I am very boastfully for having designed the Skiline Sport for the PRINCE MOTORS. It is for me the best body I made.

I hope that many kind of this car will be manufactured in Japan, and I hope, therefore, to see soon in Tokyo for car running in the Capital, many car of this.

G. Michelotti.

ミケロッティからの木型完成を伝える書簡。木型完成まではデザイナーの責任範疇である。

ごすことを決心するには、やはり相当の覚悟が必要だった。

いきおい、日本滞在に関する諸条件などの詰めに時間がかかる。滞在期間、滞在期間中の保障、賃金、滞在時の宿泊等、行き先が日本という全く馴染みのない国だけに、イタリア人たちを納得させるのは大変。その様子は、遠く離れた日本で見守っていたプリンス関係者の記憶にも強く残るほど厳しかったようである。イタリア人4名が日本行きを最終的に承諾するのは6月に入ってのことなので、調整だけで実に2ヶ月を要している。最大のネックは滞在に伴う諸条件ではなく、家族と離れ単身で見ず知らずの遠い国に出かけることにあったようだ。

このように、井上さんはイタリア人職人たちを日本に招聘するよう促すプリンス本社からの命を受けた4月1日以降、多くの時間をサルジョットとその職人たちの説得に充てていた。腰を据えてＣＰＲＢのフルサイズ線図を描いている暇はなかったのである。

スカリオーネも素晴らしい。井上さんのイタリアにおける研修目的のひとつがフルサイズ線図の起こし方を学ぶことにあると知っている彼は、決して自分で線図を描こうとせず、井上さんの時間がとれるまでじっくりと待っている。

スカイラインスポーツのボディ作業。横に立つのはサルジョット。

1960年の8月からスカリオーネの許に来て研修を始めた井上さん。そんな井上さんにとって、CPRBのフルサイズ線図を独力で仕上げることこそ、研修の集大成になると信じての配慮であろう。ヒトを育てる際、自分なら簡単に出来ることを、あえてたどたどしい後進に委ねることは難しいものである。その点、スカリオーネは指導者としての資質に長けていたように思えてならない。

さて、日本へ技術指導のため出張することが決まると、次に考えなくてはならないのが日本で使用する工具類。ここにも工夫のあとがみられる。

職人たちは、通常使い慣れた工具を大切にする。それが長期の作業ともなればなおさらのこと。普段使用している道具類を持参したくなるのが人情だろう。ところが、サルジョット一行は日本への出張を前に、工具類を新調している。

CPRBの木型製作がまだ途上で一部の工具は使用中だった事情もあるが、イタリアの工具を日本に土産として置いて帰りたい、という気持ちの方が強かった。6月26日にはマテオーダ商店という専門店で工具類を調達し、翌6月27日にはそれらの工具を日本に向けて発送している。ごく短時間で日本行きの準備を整えることができたのは、井上さんや大倉商事の働きによるところが大きい。ちなみに工具類の運送を担当したのも、スカイラインスポーツの時と同

スカイラインスポーツのシートを作る作業風景。

じズスト・アンブロゼッティ社だった。このように何事も、一旦決まれば後は速い。

《CPRBの木型製作》

CPRBの木型製作やイタリア人達の訪日に関する諸準備を慌ただしく終えた井上さんが、帰国の途につくのは1961年（昭和36年）7月3日のこと。7月3日午前11時50分に汽車でトリノ駅を発ち、同日18時30分、ミラノのマルペンサ空港から日本に向けて長い空の旅についている。羽田空港に到着するのは7月5日の14時。南まわりの航路が主流の当時、欧州は遥か彼方だった。井上さんがCPRBの側面、平面、前面の原寸図を完成させるのは日本に向けてイタリアを発つ直前のことで、木型の着工を見ずに帰国したことが記録に残っている。

井上さんの後を追って来日することになるサルジョット達の受け入れを円滑にするべく、ひと足早く帰国した、というのがこのあわただしい帰国の理由である。

CPRBの木型製作を請け負ったのは他ならぬサルジョット率いるカロッ

ツェリア・モンテローザ。この布陣は、スカイラインスポーツの製作指導で来日するサルジョットたちが、そのままＣＰＲＢの製作についても指導できるように配慮したため。

　こうして思いがけずスカリオーネとカロッツェリア・モンテローザを結び付けることになり、この組み合わせは、後のランボルギーニ３５０ＧＴＶでも実現している。

　残念ながらＣＰＲＢの木型が完成した正確な日付は残っていない。クーペとコンバーチブルの両方に使用できる木型を製作したスカイラインスポーツの場合と異なり、ＣＰＲＢの木型は一車型分。しかもＣＰＲＢはスカイラインスポーツに較べ全長で６００㎜以上も短いクルマなので、井上さんが帰国した直後から着工し10日前後、すなわち7月中旬頃までには木型が完成したものと思われる。

カロッツェリア・モンテローザに置かれた、スカリオーネデザインによるランボルギーニ３５０ＧＴＶの木型。室内の様子はあたかもバイオリン工房のようである。この同じ工房からスカイラインスポーツやＣＰＲＢの木型が生まれた事実は感慨深い。

CPRBの木型がイタリアで完成したことを示す証拠写真。サルジョットや日本に招致された職人達の姿がないのは、この時、既に日本に向けて旅立った後だからかもしれない。CPRBの日本における作業は、スカイラインスポーツが一段落した後に始められている。

《イタリア人職人の来日》

サルジョットはCPRBの木型製作を終えると、早々に日本への発送手続きを済ませ、自らと3人の職人達は一休みする間もなくあわただしくイタリアを発っている。サルジョット一行は空路、木型は船便だった。サルジョット一行が井上さんと同時に来日できなかったのは、先にも書いたようにイタリアでCPRBの木型を製作しなければならなかったのと、彼らのライフスタイルを熟知した井上さんが、日本における受け入れを万端ぬかりないものにするためである。サルジョット一行が日本に滞在したのは1961年（昭和36年）7月末から同年12月末までの約半年間だった。

羽田では、サルジョットたちに教えを請うことになるプリンス自動車三鷹分工場スポーツ車課の人たち6名も井上さんとともに出迎えている。当時としてはかなり盛大な出迎えと言えるだろう。

残念ながらサルジョット一行が来日した正確な日付も判明していない。ただし、一部には来日直後に地震があって驚いたといった記述も見受けられるので、もしそれが1961年8月19日に発生した北美濃地震のことであれば、どんな

に遅くとも8月19日以前には来日していたことになる。

一行の滞在のためにプリンスが用意したのは、当時は三番町ホテルと称していた千鳥ヶ淵のフェアーモントホテルである。目前に堀と桜が見渡せる立地のホテルだが、彼らが滞在したのは7月末から12月末までだったので、残念ながら素晴らしい桜の景色をみることはできかっただろう。さらに残念なことに、このフェアーモントホテル、既に営業を終え現在は存在しない。

サルジョット一行を羽田に出迎えたプリンス三鷹分工場スポーツ車課の人々。右端が井上さん。左端はプリンス本社の高岸さんのようにも見える。4名のイタリア人職人は長身の1名を除き皆小柄なのが特徴。イタリア人らしく陽気で明るく、プリンスに務める日本人との関係も良好だったと聞く。

サルジョット一行の滞在先にこのホテルを選んだのは、おそらく一足先に帰国していた井上さんだろう。理由は簡単。三井高陽男爵がイタリア政府にその所有地を寄贈して1941年（昭和16年）3月にオープンした由緒あるイタリア文化会館へ、歩いて行ける距離だからである。井上さんは2ヶ月に及ぶサルジョットとの来日交渉で、サルジョットに限らず、イタリア人全般に望郷の念が強いことを痛感。できるだけホームシックにならぬよう深く配慮したものと思われる。そうでもなければ、毎日通うプリンスの三鷹分工場から遠く離れたフェアーモントホテルを、わざわざ滞在先に選ぶ理由がない。

この一事からもプリンスがイタリア人4名の受け入れに際し、細心の注意を払っていた様子がうかがえる。尚、サルジョット達の三鷹分工場への送迎は、一日も欠かさず井上さんを含む東京在住のプリンス社員によって行なわれたそうである。

サルジョットはこの初めての滞在ですっかり日本が気に入り、その後何度も日本を訪れ、ついには日本人の妻をめとり晩年までを日本で過ごしている。度々の訪日では、いすゞに117クーペをつくる手ほどきなども行なったことは、前にも記したとおりである。

《問題発生、工具が来ない》

サルジョット一行が来日した際の最も大きな問題は工具だった。6月にイタリアから発送した工具一式が通関でひっかかり手許に届かなかった。ハンマーなどの工具はプリンスの三鷹分工場で使用しているものでも代用可能で大きな問題にはならない。

困ったのはイタリア式の板金を行なう機械が届かなかったことである。通称マリオ（ＭＡＧＬＩＯ）と呼ばれるその機械は、鉄球のような球状の鉄の塊が盤上で上下して、そこに鉄板やアルミ板を当てて成型するというモノ。わたしも牧清和氏が主宰するステュディオ・エンメにてマリオを使用した板金作業を目の当たりにしたことがあるが、アルミ板が見事なカーブを描くパネルへと変身していく様はまるで魔法を見ているようであった。

このマリオがなくては肝心の技術指導も行なうことが出来ない。そこで、サルジョットはマリオについての簡単な図面を作成しプリンスの技術者に手渡した。サルジョットにしてみれば、そんな簡単な図面一枚で見たこともない機械を日本人につくることができるのか、半信半疑だったことだろう。ところが、プリンス三鷹分工場の職人は、その図面だけで、いとも簡単にマリオを作ってしまった。この時マリオの製作にあたったのはスポーツ車課の菊池さんという方のようである。この一事がサルジョット一行と、プリンス三鷹分工場の日本人職人たちの間を一気に近づけることになる。サルジョットはプリンスの職人たちを、彼がその持てる技術を誠心誠意伝えるに足る相手と認めた。その後もサルジョットはことあるごとに日本の職人はレベルが高い、と語っている。

職人の世界は素晴らしい。このように、たとえ言葉による意思疎通が出来なくとも、モノを通じて言葉に勝る深い信頼関係を築くことが出来るのだ。

話は少し脱線するが、サルジョット達の日本における日常についても簡単に触れておこう。まず、三鷹分工場での昼食。これは毎日、ほぼ決まっていた。近在の店にオムレツをつくらせて、出前させる。サルジョット達は連日変わらないものを文句も言わずに食べ続けた。その代わり、千鳥ヶ淵の宿に戻ると毎晩酒盛りをしていたといわれる。やはり、憂さ晴らしが必要だったのかもしれない。

週末や休みも謳歌している。たとえば京都のお茶屋遊び。週末や休みになると、プリンスの人たちはこまめにサルジョットらを誘い出し、鎌倉や箱根など日本らしい場所に案内した。そのなかには京都も含まれている。プリンスがサルジョット達を案内した京都のお茶屋は先斗町の楠本。職人の遊び場として、祇園を選ばず、分をわきまえた先斗町にするあたり、さすがはプリンスと思わせるものがある。

《CPRBホワイトボディの完成》

CPRBのホワイトボディが完成するのは1961年(昭和36年)も押し迫った12月20日のこと。この日完成したホワイトボディを前に、石橋正二郎氏をはじめ、中川良一さん、井上猛さん、そして4名のイタリア人職人が記念写真に収まっている。ホワイトボディの完成と前後して、半年にわたり指導に当たったサルジョット一行への感謝状の贈呈も行なわれた。その場で感激のあまり涙するサルジョットの写真がある。ひとり泣き崩れるサルジョットの肩にイタリア人の弟子がそっと手を当てている光景は美しい。その写真からもわかるように、サルジョットは情にもろい職人らしい職人だったようである。ポジション

井上さんの案内でCPRBのホワイトボディを確認する石橋正二郎氏（左端）。

パワーには決して屈することのない彼も、井上さんからの依頼は断わりきれなかった。スカイラインスポーツの項で記したエピソードは、人情味あふれるサルジョットのひととなりを余さず表している。

サルジョット以下4名のイタリア人職人にとって、日本における最もプライオリティーの高い仕事はスカイラインスポーツの生産を円滑に立ち上げること。プリンス三鷹分工場で最初のスカイラインスポーツが組みあがったの

プリンスから贈られた感謝状を手に泣き崩れるサルジョット。数多く残されているサルジョットの写真のなかで、わたしが最も好きな一枚。優しく見守る職人達の様子からもサルジョットに対して深い信頼が寄せられていたことを感じることができる。すぐ左は感謝状を手渡された瞬間。井上さんが内容を説明している。左下は完成したCPRBを囲んでの記念写真。左端が外山保氏、ひとりおいて中川良一さん。CPRBのホワイトボディに向かって右側にはイタリア人職人達がもらったばかりの感謝状を手に写っている。右から3人目が井上さん。いつも控えめな人柄が、この写真の立ち位置からも伝わってくる。

は１９６１年10月23日である。

日本で組み立てられたスカイラインスポーツのクーペとコンバーチブルを前に、関係者が揃って収まった写真が残されている。この２台は翌10月24日から開催された１９６１年の東京モーターショーに出品され、サルジョット一行も東京モーターショーを視察している。自分達の指導で出来上がったクルマがターンテーブルに載っている様子を眺めるのは、さぞ誇らしいことだっただろう。

こうしてスカイラインスポーツが一段落するとＣＰＲＢのホワイトボディ製作にとりかかった。ＣＰＲＢ

の木型は既にイタリアから到着していたので、パネルをたたいてホワイトボディを作り、塗装し、艤装を施せば完成である。サルジョット一行は、ホワイトボディの完成までは目にすることが出来たが、車両としての完成は見ずに帰国している。

《CPRBの顛末》

プリンス1900スプリントの原型とも言える試作車CPRBについては、これまで公にされることがなかった。本書では多くの写真を収録しているので、CPRBそのものについては、是非、写真もお楽しみいただきたい。

簡単に実測に基づく諸元値を記すと、全長：3615㎜、全幅：1470㎜、全高：1220㎜（このなかで全高だけは何故か図面中に［案］とうたってある）、そしてW／Bはベース車両であるCPSKと同じ1950㎜である。

それぞれの数値をCPSKと比較すると、全長はCPRBが335㎜長く、幅は90㎜広く、全高は150㎜低いことになる。

ホワイトボディまでは、サルジョット以下4名のイタリア人職人の指導もあって順調に仕上がったＣＰＲＢだったが、車両として完成するのは翌１９６２年９月のことである。これは、試作を担当したプリンス三鷹分工場スポーツ車課がスカイラインスポーツの生産を優先したことと、そもそもホワイトボディまでは完成したが、艤装部品についての設計手配が遅れていたことによるものである。

ＣＰＲＢの完成車を用いて車両寸法が測定されたのは１９６２年９月25日のことなので、おそらく、車両完成は当初の予定であった１９６２年８月末から一ヶ月ほど遅れたのであろう。

苦労してなんとか試作車の完成までこぎつけたＣＰＲＢではあったが、その後は悲運な末路をたどることになる。先にも記したとおり、ベース車両たるＣＰＳＫのプロジェクトそのものがキャンセルされてしまったのだ。ベース車両がなくてはＣＰＲＢ単独で存在することはできない。しかも、ＣＰＳＫは独自のシャシで計画されていたので、代替シャシでＣ

ＰＲＢを復活させることも不可能。ＣＰＳＫと同様、ＣＰＲＢも今日まで陽の目を見ることなくお蔵入りとなってしまった。

当時の様子を示す証言には、ＣＰＲＢの試作途中でＣＰＳＫプロジェクトの中止が決定され、ＣＰＲＢの試作自体も中断の危機に瀕した、とするものがある。それでも艤装面を中心とした試作技量向上を大義として、ＣＰＲＢは完成までこぎつけることができた。車両として完成したのは1台だけである。

スカリオーネがデザインし、木型とホワイトボディの製作にカロッツェリア・モンテローザが関与した幻のＣＰＲＢ。１９８０年代の中頃までは日産自動車村山工場奥の倉庫にひっそりと置かれていた。その後、Ｒ３８０のＩ型、後述するプリンス１９００スプリント共々廃却処分のため1台のトラックに載せられ、村山工場を後にするところが目撃されている。

ＣＰＲＢはプリンスのみならず、日本の自動車工業史上においても貴重な1台だと思う。実車が廃却処分となってしまったことは、つくづく残念でならない。

第３章
日本人によって一台に結実したイタリアの自動車文化

『エピソード3　プリンス1900スプリント』

本書の最終章は1963年の東京モーターショーに展示されたプリンス1900スプリントについて。忽然と姿を現したかに見えるイタリアンデザインの流麗なクーペの誕生までを追った。スカイラインスポーツと1900スプリントの間にCPRBを置いてみると、1900スプリントが突然変異的に発生したものではないことがわかる。

ただし、その道程もまた、一筋縄ではいかないものだった。

《デザイン誕生まで》

CPSKのプロジェクトが中止となり、CPRBそのものもキャンセルされてしまうという結末には、関係者も深く落胆したことだろう。しかし、いつまでも落ち込んでばかりいないところはいかにもプリンスらしい。

一旦はお蔵入りするかに見えたスカリオーネデザイン。リアエンジン・リアドライブの国民車ベースではなく、もう少し伸びやかに、フロントエンジン・リアドライブのS50をベースにしたクーペに仕立ててみたらどうだろう、との機運が盛り上がる。中川さんをはじめ誰もが、CPRBのデザインを無碍に葬り去るのは忍びないと思っていた。

S50をベースに再度チャレンジすることが決まると、早速プリンスはスカリオーネにコンタクトをとりはじめる。彼に、再度デザインを依頼しようと考えたのだ。ところが、どうしたわけかスカリオーネとは連絡がつかない。携帯電話などのない当時、組織に所属しない個人と連絡を取るのは存外難しかったようである。

後に判明したのは、次のような事情。この時スカリオーネは少し長めの休暇をとり、秘書とこっそり旅行に出かけていたという。さすがはイタリアらしいエピソード、スカリオーネも隅に置けない。

慌てたのはプリンス。頼みのスカリオーネと連絡が取れないのでは打つ手がない。ここでいよいよ井上さんの出番である。2年弱に及ぶイタリア研修の成果を存分に発揮してほしい、と中川さんからの期待も大きい。

井上さんは早速、自ら新たなスケッチを描き始める。出来上がったスケッチ

プリンス1900スプリントのベースとなったS50スカイライン。当時のクルマとは思えない走り味には現在でも驚かされる。もし1900スプリントの市販化が実現していたら、日本の自動車史に残る名車となっていたかもしれない。

19-FS-1962

1900スプリントのために井上さんが描いたレンダリング。こうしていくつもの方向性を探ったうえで、プリンスの経営陣はスカリオーネデザインへと回帰している。ここに示された井上さんによるデザインの可能性探索は、決して無駄ではないのである。

は6種類。6種類の中には井上さん独自の案のほかに、師でもあるスカリオーネのデザインを発展させたデッサンも含まれていた。

井上さんが採用したスケッチの描き方もスカリオーネ流。黒地の紙に白で描く独特のモノ。6枚のスケッチは全て、このスカリオーネ流で仕上げられている。

提案された6案の中からプリンスの役員会が選んだのは、元々のスカリオーネデザインをベースにしたものだった。やはりCPRBベースのデザインで進めるのが順当との結論である。その背景には、短時間で実車を完成させて1963年10月26日から始まる東京モーターショーに是非とも出品したいとの強い意志が感じられる。更に、もったいない、の思想。これには説明を要する。

CPRBはCPSKのプロジェクトがキャンセルされるという社内事情で世に出なかった。すなわち、CPRBのデザインは、まだ新鮮なままである。加えて、CPRBを製作するためにイタリアから持ち込んだ木型はそのまま残されていた。この木型を活用しない手はない、と考えた。

CPRBのために用意された、デザインというソフトと、木型というハード。それぞれを無駄にすることなくキチンと活かしきろう、というのがスカリオーネデザインをベースにしたデザインを選んだ背景に潜む考えである。もちろん、デザイナーとして佳境を迎えていたスカリオーネによる基本デザインが優れていたことは言うまでもない。

《井上さんによるデザイン作業》

デザイン案が決定するや、そこからも孤軍奮闘、1900スプリントのデザイン作業に没頭する井上さん。おそらく、少しでも迷いが生じると、1960年の8月5日から1961年の7月5日までの1年弱にわたって井上さんの師であったスカリオーネのことを思い出していたことだろう。井上さんにとって、イタリアにおける最長の研修先はスカリオーネのステュディオ・チゼイ。マンツーマンの研修を通じ、井上さんはスカリオーネの特徴を誰よりも深く理解するようになっていた。

プリンスの上層部が、1900スプリントのデザインはスカリオーネの原案で行く、と決めた日から、井上さんは常にスカリオーネならどうするだろう、と考えながらデザイン作業を進めた。

井上さんは後に、スカリオーネのデザインであるCPRBのデザインモチー

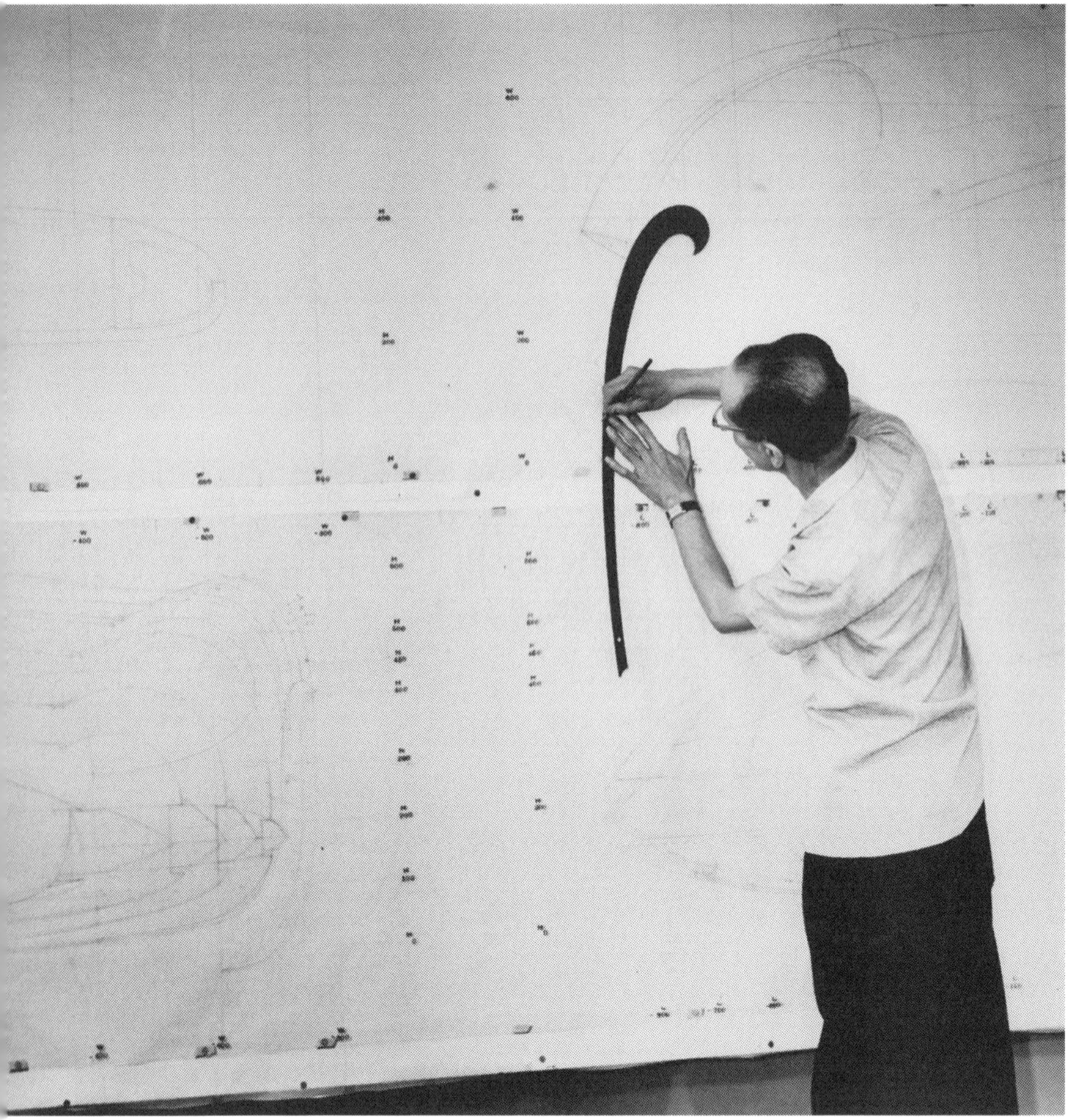

1900スプリントの1／1（フルサイズ）線図を起こす井上さん。2年にわたるイタリアでの研修成果がここに結実することになった。プリンス経営陣も、井上さんにこれ以上ない素晴らしい舞台を用意して、その苦労に報いようとしているのが感じられる。

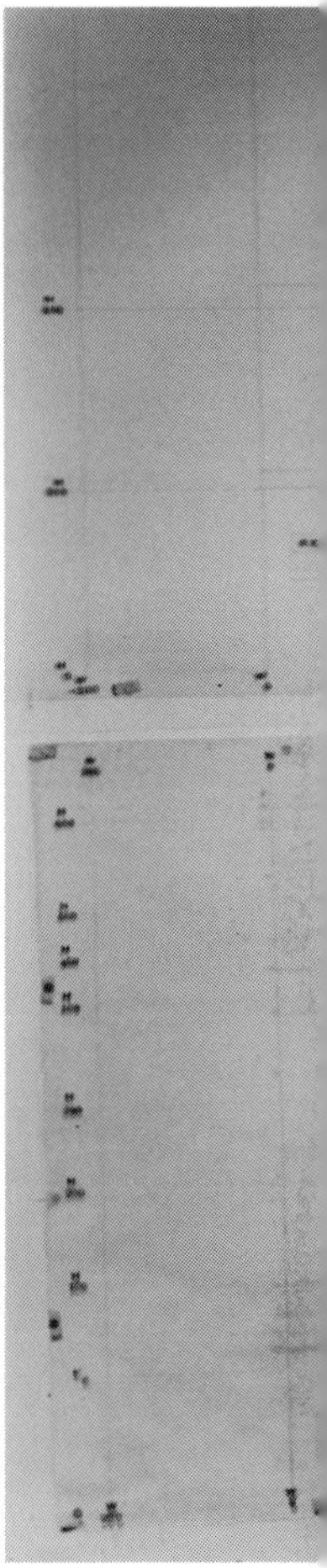

フは変えずに、フロント部分をだけを中心にモディファイを加え、もって１９００スプリントのデザインとした、と語っている。この短い言葉の中にも、井上さんのスカリオーネに対する強い思いを見ることができる。詳しく繰り返すことは避けるが、石橋さんに対する忠義、イタリアでの信念に裏打ちされた働き、それらを考えると、信義の人である井上さんは、スカリオーネを自らの中に抱いて１９００スプリントのデザインをまとめ上げたに違いない。

尚、木型自体は前述のごとくＣＰＲＢの木型をバラしてストレッチすることで再利用している。

イタリア式のプロセスにおいて、木型製作に取り掛かる前に必要不可欠なのが原寸大の線図作成。ここでも井上さんのイタリア研修が成果をあげることになる。

ミケロッティが描くスカイラインスポーツの原寸大線図を傍らでつぶさに学び、ステュディオ・チゼイではスカリオーネの直接指導により、原寸大線図が描けるまでになっている。そもそも、ＣＰＲＢの原寸大線図は井上さんが描いたものである。ＣＰＲＢをベースとした１９００スプリントの原寸大線図を描く人材として、井上さん以上の適材は見当たらない。

幸いにも、１９００スプリントの原寸大線図は、その青焼が井上さんのご遺族の許に残されている。井上さんとしても、長く苦しいイタリア研修の集大成として、心に残る仕事だったのだろう。自らが描いた１９００スプリントの原寸大線図を手許に残しておきたかった気持ちはよくわかる。

このようにプリンス１９００スプリントは、スカリオーネがデザインしたＣＰＲＢをベースとしてはいるものの、実態は井上さんによるデザインなのである。

《イタリアのデザインプロセス》

ここで、井上さんが修得した当時イタリアで行なわれていたデザイン手法について、簡単に触れておこう。

まず、現在一般的に採用されているデザイン手法。そのデザイン作業だけをとりだしてみるとレンダリングと呼ばれるスケッチから始まる。これは現在も、そして当時のイタリアも、大きな差はない。

次いで、3次元の確認。レンダリングは2次元なので、クルマという立体を造形する以上、3次元での確認が必要となる。この3次元の確認手法が、当時のイタリアと現代とで最も異なる点である。

現代では1／4から1／5サイズのクレイモデルをつくって確認するやり方が一般的。まず1／4や1／5のクレイモデルを複数作製した上で案を絞り、原寸大のクレイモデルを製作する。ごく最近ではデジタル化の波により、実体のモデルをつくらず、バーチャルにモデルをつくることで立体の確認を行なう場合もある。

対する当時のイタリア的手法では、立体をつくらない。全てを線図で検討する。まず、1／5サイズの正確な線図を作成し、立体の曲面変化を吟味、しかる後に原寸大の線図を作成するのである。

たとえば1／5線図。40㎜間隔、微妙な面変化の部位は5㎜間隔で図面に表現する。したがって、一切の曖昧さがない。ただし、線図で立体を検討できるようになるまで、相応のスキルを必要とするだろう。このスキルこそ、井上さんがイタリアで修得したいと考えた最大の技能なのである。

スカリオーネはベルトーネ在籍時代、いくつもの傑作を生み出している。それらのなかで、クレイモデルを製作したのはアルファロメオ・スプリントスペチアーレ、ただ一台。他は全て、線図のみのプロセスでつくり上げている。
　これで、井上さんが原寸大線図を大切に保管していた意味がご理解いただけるだろう。ここに挙げた3台、スカイラインスポーツ、CPRB、そして1900スプリント、どれもクレイモデルは製作されなかった。

イタリアから送られたCPRBの木型をベースにプリンスでつくられた1900スプリントの木型。これなども貴重な工業遺産のひとつだと思うのだが、残念ながら木型そのものは廃棄されて残っていない。そろそろ我々もアメリカ型のスクラップアンドビルドではなく、遺すことを大切にした積み上げによる文化醸成が必要になっているように感じる。

《スカリオーネと１９００スプリント》

スカリオーネと連絡が取れたのは、結局、１９００スプリントが実車として完成した後だった。全くもってのどかな時代性を感じさせる。ようやく居所が判明したスカリオーネに、プリンスは完成したプリンス１９００スプリントの写真を送り、スカリオーネの名前をつかわせてもらえないかと打診する。

先にも書いたように、１９００スプリントのデザイン作業は、ＣＰＲＢをベースとはしているものの、井上さんによるものであると断じても過言ではない。もし、井上さんがデザイン畑だけを歩んだデザイナーであったならば、これはわたしの作品だと主張していたかもしれない。

ここでもう一度、井上さんが単身イタリアにでかけた目的を思い出してみよ

1900スプリントは実車完成後にスカリオーネから承諾を得ることになった。実車の仕上がりをみて、即刻、スカリオーネは1900スプリントを井上さんとの共作とすることに快諾している。井上さんは結局、かねてから願っていたイタリアの巨匠との共作を実現させ、体得したデザイン技能もフルに活用して1台のクルマに結実させている。この1枚の絵は、壮年期を迎えたひとりの男が夢をかなえたことを示す動かぬ証拠でもある。

う。イタリア式のデザイン技法や原寸大線図の描き方の修得、そして、イタリアンカロッツェリアとの共作を成果として残すこと、であった。

更に最も重要なのが井上さんの人柄。誰の手も借りず、苦労して仕上げた1900スプリントをスカリオーネとの共作であると謳いたい気持ちは、スカリオーネに対する感謝の念とともに井上さんのなかに強く宿っていただろう。

スカリオーネ自身もまた送られてきた写真で1900スプリントの出来栄えに満足し、即座に共作とすることを快諾している。デザイン的にみても、ベー

1900スプリントのホワイトボディ。目を凝らしてみれば、まわりは日本の工場現場そのものなのだが、1900スプリントのホワイトボディはその存在感でまわりをイタリアのように感じさせる力をもっている。

スとなる車台が国民車として開発されたＣＰＳＫからＳ50へと変更されたことは好条件となったようだ。車両としてのバランスは、４人乗りに拘泥するあまり、サイズ的にも無理のあったＣＰＲＢに較べ、プリンス１９００スプリントの方が遥かに伸びやかに仕上がっている。井上さんとの信頼関係がなかったとしても、スカリオーネが共作と発表されることに異存を唱える余地は少なかったと言えよう。

車両寸法的に制約の多かったCPRBに較べ、1900スプリントは遥かにのびやかに仕上がっている。競技車両としてのポテンシャルも感じられ、一時は1900スプリントでレース活動を行なう企画も持ち上がっている。ただし、世の流れは早く、最早4気筒では戦闘力に欠け、また商品としてもこのジャンルで4気筒は時代遅れになっていた。6気筒で設計をやり直す余力も当時のプリンスにはなく、残念ながら東京モーターショーなどへの展示だけでお蔵入りとなってしまった。

1900スプリントのリアビューには、若干ながらリアエンジンだったCPRBの面影が残っている。すなわち、後端にむけてやや絞りが足りない点である。当時世の中を席巻しつつあったカムテールを、もう少し積極的に採り入れていたならば、更に魅力的になっていたかもしれない。

《1900スプリントのその後》

1963年（昭和38年）の東京モーターショーにおいて、好評を博した1900スプリントだったが、結局、市販化されることはなかった。

スカイラインスポーツで懲りていたから、とか、S50系が好評で生産する余力がなかったなどとも言われているが、真の理由は他にもある。

スカイラインスポーツを擁するスポーツ車課は、プリンスのモータースポーツ活動も一手に担っていた。重たいスカイラインスポーツはそもそも競技には向かない。車体の軽い、戦闘力の高い車両を必要としていた。その候補が1900スプリントだった。

スカイラインスポーツに対して500kg以上も軽い車体は何物にも代えがたい魅力。ところが、世の中はめまぐるしく動いている。最早4気筒を前提とした1900スプリントでは競争力不足に陥っていたのである。同時併行でスカイラインスポーツに6気筒を搭載する検討も進めており、こちらは目処がたち、6気筒を搭載した試作車もつくってはみたものの、シャシなどの基本的なポテンシャルが低かった。

これまであまり紹介されることのなかった1900スプリントの室内。イタリアで仕上げられたスカイラインスポーツ同様、メーター数も少なく、実にあっさりとしている。1900スプリントは車台をS50にしたことにより、後席の居住性もそれほど悪くはなさそうだ。

BELLEL

YLINE 1500 DELUXE
10 TH TO

期待された1900スプリントは、その独特のスタイル、特にノーズの低さがあだとなり6気筒の搭載が難しい。スカイラインスポーツで検討が終わっていたノーズ部分をストレッチする案も検討されたが、4気筒でロングノーズとしたデザインをそのままストレッチするとひどく間延びしたものになってしまう。どうも1900スプリントを競技車両のベースとするには無理がありそうだ、と結論付けたあたりでスポーツ車課は解散。プリンスは新たな組織でモータースポーツに臨むことになる。

こうして、1900スプリントは単なるショーカーとして、その生涯を終えることになってしまった。既に書いたように、残っていた実車も1980年代の半ばには、R380－I、CPRBと共に廃棄処分となっている。

《まとめ》

イタリアと縁のあるプリンス車は、ここにとりあげたスカイラインスポーツ、CPRB、そして1900スプリント、の3台である。それら3台はどれも井上猛さんがいなければ存在しなかったものだろう。井上さんが日本の自動車デ

ザイン界に残した業績は極めて大きい。

しかるに、井上猛さんの名を聞いて、彼の業績を思い浮かべることができる人は、自動車業界のなかですら限られてしまう。プリンスのOBたちでも、正確に彼の業績を知る者は少なかった。

現代は何事もアピールをよしとする時代である。サッカー選手などもしばしば口にするアピールという語に、ネガティブな響きはない。

本書でとりあげたエピソードは全て古き良き時代の話。クルマ作りの中心にはモノに対する愛情と情熱があり、人々の行動は、控えめ、分際、誇り、といった規範に満ちていた。少なくとも、プリンスという会社には、そのような古き良き時代が脈々と感じられるのである。

もちろん、プリンスには桜井真一郎氏という強烈なキャラクターも存在する。これとて、スカイラインの製品を広く理解してもらうため、日本企業独特のアノニマス（匿名性）をあえて廃し、欧州のように設計者個人を前面に押し出して宣伝活動を行ないたい、とするプリンス自販の発案によりつくり上げられたもの。プリンス自販からの要請に応じ、設計サイドで人選し、桜井真一郎さんをスカイラインの顔として市場とのコミュニケーションを図ることを決め、全

社的に邁進した結果が、今日のスカイライン神話を築くことに繋がった。

そうしたまばゆいばかりの光の陰には、今回、紹介したような話がいくつも埋没している。本書で井上さんを中心に話を進めてきたのは、めまぐるしい現代にあって、モノつくりとは何かをもう一度考えるきっかけになればと思ってのことである。


さて、ここで再度イタリアと深い縁のあるプリンス車3台を振り返って、本稿のまとめとしたい。

まず日本車として初めてイタリアンデザインを纏ったスカイラインスポーツ。これは内容的に100%ミケロッティのデザインによるクルマである。1960年のトリノショーに展示された試作車2台は、木型からホワイトボディ、塗装、艤装、車両組立に至るまで、全ての工程がイタリアで行なわれており、少なくともデザイン的には純度の高いイタリア製のクルマだと言えよう。

2台目のCPRBは、デザインから木型製作までをイタリアで行ない、ホワイトボディの製作は日本のプリンス三鷹分工場でイタリア人職人の指導の許に行なわれた。デザインは100%イタリア。試作車製作は、ホワイトボディの

製作までイタリア人が関与したものの、その後、塗装、艤装、そして車両組立は日本人のみの手によって行なわれている。すなわち、ＣＰＲＢは日伊の合作によるクルマということができる。

３台目のプリンス１９００スプリントに至っては、デザイン作業から車両組立までを日本人だけで行なっている。

上述のごとく、３台に対するイタリアが関与した割合の変化は興味深いものがある。

わたしには最後に製作されたプリンス１９００スプリントが、３台の中でもとりわけ魅力的に映る。それは、ふたりのイタリア人、スカリオーネとサルジョットの薫陶を、日本人の特質である勤勉さで1台のクルマに結実させた点が見事と思えるからである。

〔あとがき〕

わたしにとって最初の本が二玄社から出版されることは望外の喜び。小学生の頃からカーグラを愛読し、高校時代に全巻を蒐集。夢はずっとカーグラフィックの記者になることだった。

ところが、わたしが大学を卒業する時には肝心の募集がなく、単位の足りないふりをして卒業を遅らせてみたりもしたが、新人募集の行なわれない年が続いた。

そこで思い当たったのは、カーグラフィックのフロムインサイドに書かれていたエピソード。わたしにとっては神様のような存在の小林彰太郎さんが、かつて日産を受けたことがあるという話が印象に残っていた。迷わず日産の門をたたき、結局そのまま日産で過ごしてしまった。

わたしはこれまで、ひとつのテーマに沿ってかくも長い文章を書いたことがない。まさに卒業論文以来だと思う。事実上初めてだからと許されることではないが、最後まで読み進まれた方は、さぞ読みにくい思いをされ、大変だったのではないかと、申し訳ない気持ちでいっぱいである。

それでもなお、書くことを諦めなかったのは、伝えたい、と思うことがあったからに他ならない。その思いを支えてくださった方々と、そうした強い思いを抱くにたる材料を提供してくださった方々に、あらためて深く感謝の意を表したい。

慣れない本づくりで迷ったことはたくさんある。文体、敬称の扱い、そして文章と写真の割合など。わたしは、これまで文章といえば読むのも書くのも企業における報告書の類が中心だったので、やわらかでくだけた、ありていに言えば洒脱な文章など、どうしても書くことができない。無理をしても仕方がないので、もっともなじみ深い普段通りの文体にさせていただいた。

敬称も、通常なら略して書き進めるところだと思うのだが、これも会社の先輩には親しみを込めて「さん」付けとした。会社の先輩であるいわば身内に敬称をつけるとはおかしな気もしたのだが、それでも、あえてさん付けでよびたかった。

最後まで悩んだのが文章と写真の割合。実際のところ、書くネタはまだ残されていると思う。その一方で、わたしは元々が企画屋である。これでも、何をするにも常に受け手のことに思いをめぐらす癖がついている。

書き進みながら、これ以上は受け手からすればつまらない話だろう、などと考え込むことが多かった。好きな映画でも、時々テンポの悪い展開に辟易することがある。本書がそうなっていないことを願うばかりである。

全体をまとめるにあたり、頭に浮かんでいたのは、百聞は一見に如かず、の言葉。今回は幸いにも、膨大な写真が残されている。これらの写真を主役にしよう、と考えた。したがって、一冊の本としては、文章が少なめかもしれない。

さらに言えば、それほど多くはないが、確証をもてない部分についても、あえてぼかすことなく書いている。わたしは本件の当事者ではない。文中に誤りがあれば、是非、遠慮なく正していただきたい。

板谷　熊太郎

著　者
板谷熊太郎（いたや・くまたろう）
1955年生。幼少時よりクルマに対する興味・関心が強く、高校時代にはカーグラフィック誌を全巻揃えたりしている。以来、カーグラフィック誌だけは欠かしたことがない。趣味は自動車関連資料の蒐集および自動車史の探究。現在、自動車趣味の雑誌などにも連載を持っている。

参考文献

中川良一「技術者魂─栄光の歴史を明日へ」 日刊自動車新聞社、1990年（平成2年）
「プリンスの歩み」 プリンス自動車販売株式会社、1965年（昭和40年）
「プリンス荻窪の思い出」 荻友会、1991年（平成3年）
「プリンス荻窪の思い出II」 荻友会、1997年（平成9年）
「プリンスの思い出」 睦会、1991年（平成3年）
「日産自動車開発の歴史（上下）」 説の会、2000年（平成12年）
「GT-Rマガジン」／「GT-Qマガジン」 交通タイムス社
「CAR GRAPHIC」／「SUPER CG」 二玄社

プリンスとイタリア

クルマと文化《ぶんか》とヒトの話《はなし》

初版発行　2012年4月25日

著　者　板谷熊太郎（いたや・くまたろう）
発行者　渡邊隆男
発行所　株式会社　二玄社
〒113-0021　東京都文京区本駒込6-2-1
電話　03-5395-0511
http://www.nigensha.co.jp/
装　丁　奈良場 亮
印　刷　中央精版印刷株式会社

 ISBN978-4-544-40058-8

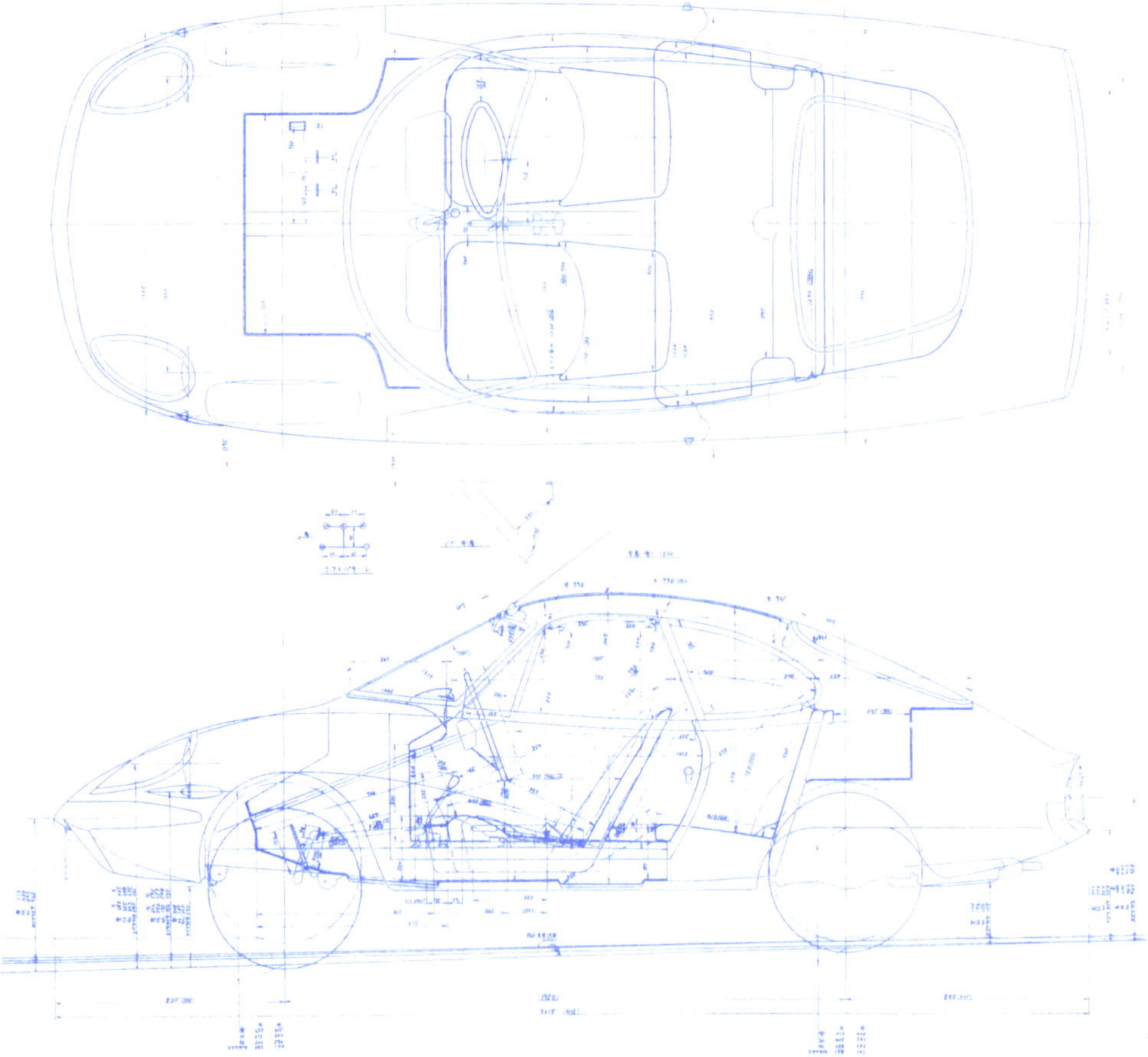

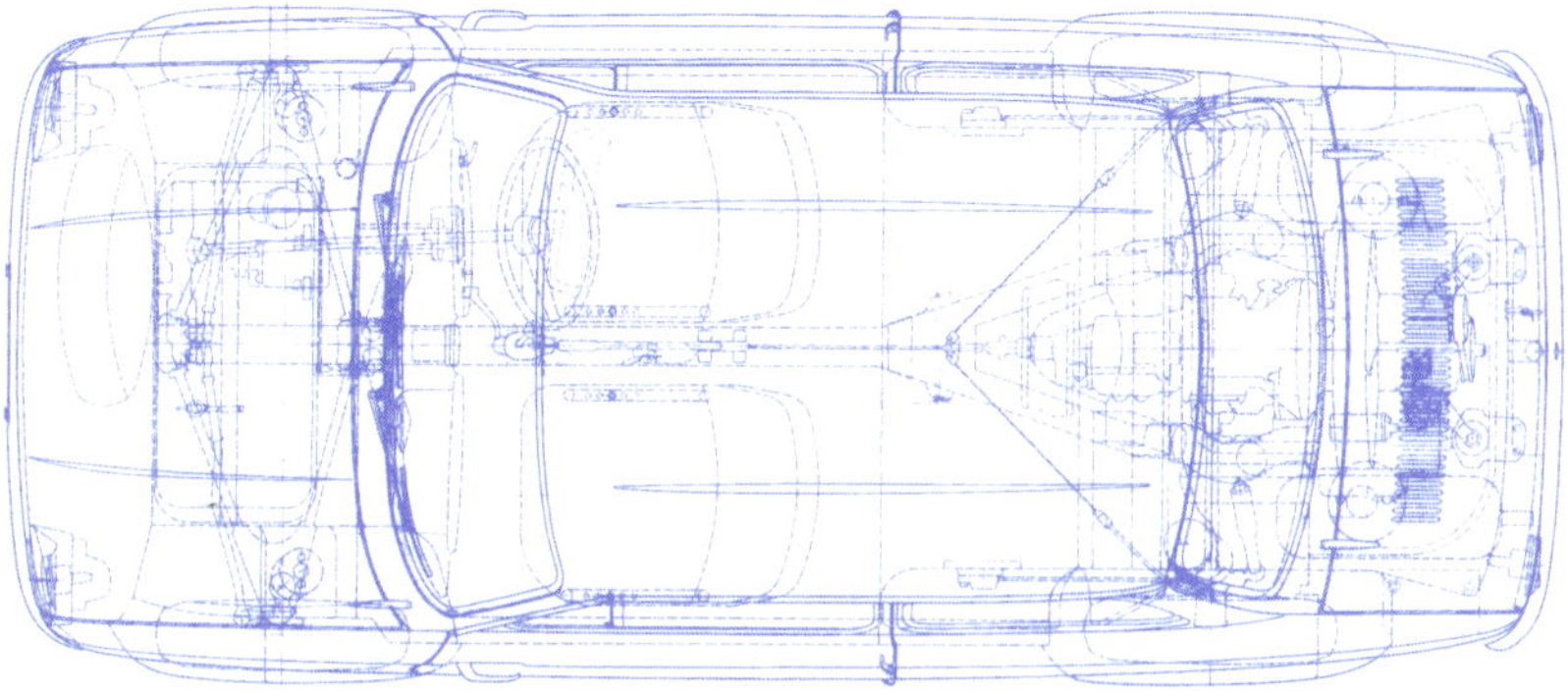